普通高等教育信息技术类系列教材

Java Web 程序设计实用教程

主　编　张树钧

副主编　苏贵斌　王春晖　王海龙

科 学 出 版 社

北 京

内 容 简 介

本书面向 Java Web 开发的初学者，第 1～第 3 章介绍 HTML5、CSS 和 JavaScript 这 3 个 Web 前端开发的主要技术，帮助读者初步理解并掌握前端开发的方法；第 4 章介绍 Web 开发必须理解的 HTTP，并讲解 Java Web 开发的环境部署的方式；第 5～第 8 章全面介绍 Java Web 的核心技术，包括 Servlet、JSP、JavaBean、EL 表达式、过滤器和监听器等；第 9 章给出大学生在线二手交易市场系统的需求分析和数据库设计，进一步提升读者对 Java Web 应用开发中需求分析和数据库设计的理解。

本书是 Java Web 程序设计的入门教材，适合有 Java 编程基础的读者学习 Web 开发使用。本书可以作为本专科学校学生学习 Java Web 开发的相关教材，也可以作为学生学习 Web 开发的参考用书。

图书在版编目（CIP）数据

Java Web 程序设计实用教程/张树钧主编. —北京：科学出版社，2022.6
（普通高等教育信息技术类系列教材）
ISBN 978-7-03-072400-7

Ⅰ. ①J⋯ Ⅱ. ①张⋯ Ⅲ. ①JAVA 语言-程序设计-高等学校-教材 Ⅳ. ①TP312.8

中国版本图书馆 CIP 数据核字（2022）第 090116 号

责任编辑：吴超莉　宋　丽 / 责任校对：赵丽杰
责任印制：吕春珉 / 封面设计：东方人华平面设计部

科 学 出 版 社 出版
北京东黄城根北街 16 号
邮政编码：100717
http://www.sciencep.com

天津翔远印刷有限公司印刷
科学出版社发行　　各地新华书店经销
*
2022 年 6 月第 一 版　　开本：787×1092　1/16
2022 年 6 月第一次印刷　　印张：13
字数：308 000
定价：42.00 元
（如有印装质量问题，我社负责调换〈翔远〉）
销售部电话 010-62136230　编辑部电话 010-62135120-8018

前　言

在大数据和人工智能爆发式发展的同时，Web 开发技术每年也在以惊人的速度发展着。无论是数据的产生还是展示，大数据和人工智能都与 Web 应用密不可分。Web 开发涉及的内容繁多复杂，通常需要一个系统的学习过程。面对当前快速迭代演进的 Web 开发技术，初学者仍然需要从头开始学习，要具备一个扎实的基础。书中内容从基本的前端技术到底层的后端实现，展示了 HTML5、CSS 和 JavaScript 的基本概念和使用方法，讲解了 Java Web 的底层编程技术——Servlet 和 JSP。通过学习这些技术栈中"原始"的技术，能掌握 Web 开发的原理，这样在未来面对不断更新的知识时，就能够做到厚积薄发，跬步千里。

本书为具备 Java 编程基础的读者展示了一条学习 Web 编程的路径，通过对全书的学习，读者能够初步建立一个使用 Java 技术构建 Web 应用的基础知识体系。全书在逻辑上分为两个部分，共 9 章。第 1 部分为第 1～第 3 章，讲解前端开发的基本知识和方法；第 2 部分为第 4～第 9 章，讲解后端的 Java Web 技术。书中的知识体系由浅入深，逐步展开，具体内容如下。

第 1 章介绍 HTML5 的基本知识、文档结构和基本标签，讲解文字与段落、列表与表格、表单与控件的知识与使用方法。第 2 章介绍 CSS 的基本知识，讲解 CSS 中核心的盒模型与页面布局，讲解列表、表格和表单的 CSS 修饰方法。第 3 章介绍 JavaScript 的编写和导入方法，讲解 JavaScript 变量和数据类型、DOM 基础及如何编写表单相关的脚本。第 4 章介绍 Web 开发的基本知识与概念，讲解 Tomcat 的功能、安装和目录结构。第 5 章介绍 Servlet 的原理、体系结构、声明周期和运行原理，讲解 Servlet 的主要应用，并分析 Servlet 的核心接口。第 6 章介绍 HTTP，讲解 4 种会话跟踪技术和会话持久化的相关知识。第 7 章讲解 JSP 基本技术、JavaBean 技术、EL 表达式和 JSP 标准标签库。第 8 章介绍过滤器和监听器，讲解两者使用的具体场景并给出典型实例。第 9 章给出大学生在线二手交易市场系统的需求分析和数据库设计。

本书是内蒙古师范大学计算机科学技术学院的教师团队和合作企业的技术人员共同努力的成果，由张树钧担任主编。全书的编写分工如下：第 1～第 3 章由张树钧编写，第 4 章和第 9 章由苏贵斌编写，第 5 章和第 6 章由王春晖编写，第 7 章和第 8 章由王海龙编写。全书的统稿工作由张树钧负责。

在本书的编写过程中，青软创新科技集团股份有限公司的培训讲师和技术人员给予了支持，在此一并表示感谢！

由于编者水平有限，书中难免存在疏漏之处，恳请广大读者批评指正。

编　者

2021 年 11 月

目　录

第 1 章

HTML5 基础

📀 学习目标

➢ 掌握 HTML5 文档的基本结构。
➢ 掌握 HTML5 文档的基础语法。
➢ 掌握 HTML5 中文本标签的使用方法。
➢ 掌握 HTML5 中列表与表格的使用方法。
➢ 掌握 HTML5 中表单与控件的使用方法。

1.1 HTML5 概述

从 2010 年开始，HTML5 和 CSS3 就成为互联网技术中深受关注的两项技术。从前端技术的角度，互联网的发展可分为 3 个阶段：第一阶段是 Web 1.0 阶段，主流技术是 HTML 和 CSS；第二阶段是 Web 2.0 阶段，这个阶段是 Ajax 技术的应用阶段，主流技术是 JavaScript、DOM 和异步数据处理；第三阶段的主流技术是 HTML5 和 CSS3，也是本书主要的学习内容。

1.1.1 W3C 简介

如今与 Web 相关的标准和规范都是由著名的万维网联盟（World Wide Web Consortium，W3C）组织来进行管理和维护的。W3C 成立的目的是解决 Web 应用中不同平台、不同技术和不同开发者带来的不兼容性，保证信息的完整流通，同时制定一系列的标准来督促 Web 应用开发者和内容提供者遵守这一标准。W3C 会员包括软件开发商、内容提供商、企业用户、通信公司、研究机构、研究实验室、标准化团体以及政府部门，这些会员一起协同工作，致力于在互联网的发展方向上达成共识。

1.1.2 HTML5 简介

在学习 Java Web 技术前，需要了解并掌握 HTML5 的基本知识，包括 HTML5 文档结构、HTML5 列表与表格、HTML5 表单等基本内容，为未来的进一步学习奠定扎实的基础。

超文本标记语言（hypertext markup language，HTML）是互联网上应用最广泛的标记语言。超文本是指页面可以通过链接互相访问，当用户在网页上单击打开另一个页面时，使用的就是超文本。标记语言是用来描述页面结构的，可以通过简单的标记告诉浏览器如何处理并展示页面。HTML 不同于 Java、C 等编程语言，它是由浏览器直接解析并呈现的。HTML 文件是由普通文本与 HTML 标记混合编写的文件，本质上仍是一个纯文本文件。HTML 的发展历史如表 1-1 所示。

表 1-1　HTML 的发展历史

版本	说明
HTML（第 1 版）	1993 年 6 月，由因特网工程任务组发布的 HTML 工作草案
HTML 2.0	1995 年 11 月，作为 RFC 1866 发布
HTML 3.2	1996 年 1 月 4 日，由 W3C 组织发布，是 HTML 文档第一个被广泛使用的标准
HTML 4.0	1997 年 12 月 18 日，由 W3C 组织发布，也是 W3C 推荐的标准
HTML 4.01	1999 年 12 月 24 日，由 W3C 组织发布，是 HTML 文档另一个重要的、被广泛使用的标准
XHTML 1.0	发布于 2000 年 1 月 26 日，是 W3C 组织推荐的标准，后来经过修订于 2002 年 8 月 1 日重新发布
HTML5	2014 年 10 月 28 日，由 W3C 组织发布了 HTML5 规范

可扩展超文本标记语言（extensible hypertext markup language，XHTML）和 HTML 4.01 有很好的兼容性。XHTML 是更严格、更干净的 HTML 代码。由于早期 HTML 的发展和使用比较混乱，所以 W3C 组织制定了 XHTML，目标是替代原有的 HTML。W3C 建议使用可扩展标记语言（extensible markup language，XML）规范来约束 HTML 文档，将 HTML 和 XML 相结合，形成了 XHTML。W3C 组织使用文档类型定义（document type definition，DTD）来定义 HTML 和 XHTML 的语义约束，包括 HTML 文档中能够出现的元素及各元素具有的属性。

虽然 W3C 努力制定 HTML 的规范和标准，但是浏览器的解析和 HTML 的编写者却并没有严格执行这些规范和标准，于是 W3C 推出了相对宽松的 HTML5 规范，同时为 HTML5 增加了很多非常实用的新功能，具体如下。

1. 解决跨浏览器的问题

早期，各类浏览器在运行 HTML+CSS+JavaScript 编写的页面时，经常出现不同的解析结果，甚至出现页面布局混乱、JavaScript 运行错误的问题。前端程序员在开发页面时需要考虑跨浏览器的问题，编写判断浏览器类型和处理浏览器不兼容的代码。

目前主流的浏览器（Edge、Chrome、Firefox 等）对 HTML5 都有较好的支持。由于这些浏览器都尽可能地遵守 HTML5 规范，因此前端程序员在编写 HTML+CSS+JavaScript 页面时也能更加轻松。

2. 部分替代了 JavaScript 的原有功能

HTML5 增加了一些非常实用的功能，它们可以部分替代原来需要 JavaScript 代码实现的功能，而这些便利只需要通过为标签增加一些属性即可。例如，打开一个页面后立即让某个文本框获取焦点，在 HTML5 之前需要使用 JavaScript 代码实现，而 HTML5 只需要通过增加一个"autofocus"属性就能实现。

以下代码为使用 JavaScript 代码获取焦点的示例，使用 document 对象的 getElementById( )方法，该方法需要页面中相关元素的 id 属性值作为参数传入。

```
<body>
图书：<input type="text" name="book" id="name"/><br/>
价格：<input type="text" name="price" id="price"/>
<script type="text/javascript">
    document.getElementById("price").focus();
</script>
```

HTML5 代码如下：

```
<body>
图书：<input type=text name=book/><br/>
价格：<input type=text autofocus name=price/>
</body>
```

3. 支持更明确的语义信息

在 HTML5 之前，如果需要表示一个文档结构，一般只能通过<div>元素来实现，如以下代码所示。以下文档中有 5 个一级<div>，分别用于页面的头部、导航、正文、边栏和脚部，每个<div>的 id 值在此页面内均唯一且具有标识作用。在<div id="article">中可以嵌套其他<div>元素，如以下代码中的<div id="section">表示正文内部的分节内容。

```
<div id="header">...</div>
<div id="nav">...</div>
<div id="article">
    <div id="section">...</div>
    ...
</div>
<div id="aside">...</div>
<div id="footer">...</div>
```

HTML5 则为上面的页面布局提供了更明确的语义元素，不再需要使用 id 属性值表明该元素的用途，上面的代码可以改为如下代码：

```
<header>...</header>
<nav>...</nav>
<article>
    <section>...</section>
    ...
</article>
<aside>...</aside>
<footer>...</footer>
```

4. 增强了 Web 应用程序的功能

HTML5 规范增加了不少新的应用程序接口（application programming interface，API），如 HTML5 新增的本地存储 API、文件访问 API、通信 API 等。

1.1.3 创建 HTML5 文档

在创建 HTML5 文档之前，需要准备两样工具：一款文本编辑器和一款浏览器。本书推荐使用 Sublime Text 作为网页编写的文本工具。Sublime Text 是一款简单易用，且功能强大的文本编辑器，它不仅拥有非常丰富的扩展功能，还可以无限期免费试用。Sublime Text 文本编辑器如图 1-1 所示。

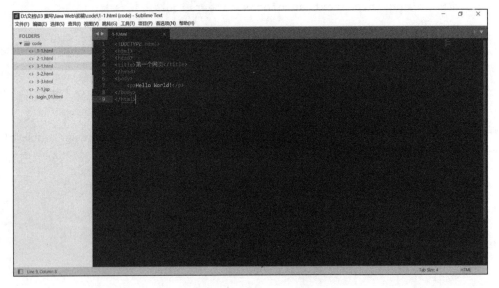

图 1-1　Sublime Text 文本编辑器

当准备好编辑工具后，选择"文件"→"新建文件"选项，即可轻松创建出一个文件。在空白文件中输入以下代码，然后选择"文件"→"另存为"选项，在打开的对话框中将"保存类型"选择为"HTML"，然后单击"保存"按钮即可。

```
<!DOCTYPE html>
<html>
<head>
    <meta charset="UTF-8">
    <title>第一个网页</title>
</head>
<body>
    <p>Hello World!</p>
</body>
</html>
```

最后，使用浏览器打开创建的文档就可以看到刚才创建的 HTML 页面了，如图 1-2 所示。

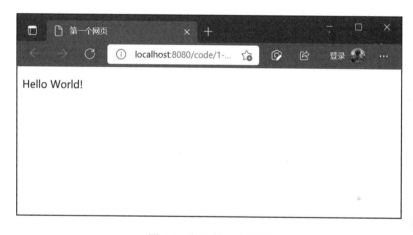

图 1-2　打开第一个网页

在这个实例中，<html.../>、<head.../>、<p.../>、<title.../>等称为标签（tag），每个 HTML 文档都是由这些 HTML 标签构成的，具体标签的使用方法会在之后的内容中逐一介绍。

注意：一个 HTML 文档的扩展名有两种，分别是.htm 与.html。

1.1.4　HTML5 的结构

对于一个基本的 HTML5 文档，其基本结构如下：

```
<!DOCTYPE html>
```

```
<html>
<head>
    <meta charset="UTF-8">
    <title>页面标题</title>
</head>
<body>
    页面内容部分
</body>
</html>
```

从上述代码可以看出，HTML5 文档的根元素与 HTML 一样，仍然是<html.../>，这是固定不变的。在<html.../>元素中包括<head.../>和<body.../>两个子元素。<head.../>元素主要定义 HTML5 文档的页面头，其中<title.../>元素用于定义页面标题，除此之外，还可以在<head.../>元素中定义 meta、样式等信息。<body.../>元素用于定义页面主体，包括页面的文本和绝大部分标签。

HTML5 支持使用两种方式制定页面的字符集，即使用 Content-Type 指定页面字符集和使用 charset 指定页面字符集。以下代码将页面字符集指定为 UTF-8。

```
<meta http-equiv="Content-Type" content="text/html"; charset="UTF-8">
```

或

```
<meta charset="UTF-8">
```

1.1.5 HTML5 标签的基本变化

HTML5 存在以下几点语法变化。

1. 标签不再区分大小写

以下代码中的<p.../>标签并没有严格按照大小写匹配，这样是合法的编写方式，大小写都是可行的。

```
<p>内蒙古师范大学</p><P>计算机科学技术学院</P>
```

2. 元素可以省略结束标签

HTML5 允许部分元素省略结束标签，甚至允许元素同时省略开始标签和结束标签。其有以下 3 种情况。

（1）空元素语法的元素

img、input、keygen、link、area、base、br、col、command、embed、hr、meta、param、source、wbr，这些元素不允许将开始标签和结束标签分开定义。例如，以下写法是错误的。

```
<img src="logo.jpg" alt="logo"></img>
```

img 元素可以写成以下两种方式：

```
<img src="logo.jpg" alt="logo"/>
```

或

```
<img src="logo.jpg" alt="logo">
```

（2）可以省略结束标签的元素

dt、dd、li、p、rt、rp、thead、tbody、tfoot、tr、td、th、colgroup、optgroup、option，这些元素可以省略结束标签。例如，以下代码是合法的。

```
<p>内蒙古师范大学
```

（3）可以省略全部标签的元素

可以省略全部标签的元素有 html、head、body、colgroup、tbody，如以下代码是合法的。

```
<!DOCTYPE html>
<meta charset="UTF-8">
<title>Document</title>
<ol>
    <li>Java Web</li>
    <li>Python</li>
    <li>C++</li>
</ol>
```

3. 支持 boolean 值的属性

XHTML 要求所有元素的所有属性名都小写；所有属性都必须指定属性值，不能简写；所有属性值都必须使用引号。例如，以下代码中各属性都需要指定属性值才符合 XHTML 要求。

```
<input checked="checked" type="checkbox">
<input readonly="readonly" type="text">
<input disabled="disabled" type="text">
<option selected="selected" value="1">Java Web</option>
```

HTML5 允许部分属性省略属性值或使用 boolean 值作为属性值。例如，以下代码省去了 checked、readonly、disabled 和 selected 的属性值，它们都符合 HTML5 的要求。

```
<input checked type="checkbox">
<input readonly type="text">
```

```
<input disabled type="text">
<option selected value="1">Java Web</option>
```

或者采用以下方式，为 checked、readonly、disabled 和 selected 赋予 boolean 值作为属性值也是符合 HTML5 的要求的。

```
<input checked="true" type="checkbox">
<input readonly="true" type="text">
<input disabled="true" type="text">
<option selected="true" value="1">Java Web</option>
```

4. 允许属性值不使用引号

XHTML 要求属性值必须使用引号，但 HTML5 允许直接给出属性值，即使不使用引号也是正确的。例如，以下代码符合 HTML5 的要求。

```
<img src=logo.jpg alt=logo>
```

1.2 HTML5 基本标签

HTML5 不是对 HTML 的根本变革式的修订，它是对 HTML 以前版本的继承和发展，因此 HTML5 保留了以前 HTML 版本的绝大部分标签。

1.2.1 基本标签

HTML5 保留的基本标签如表 1-2 所示。

表 1-2　HTML5 保留的基本标签

标签	说明
<!--...-->	定义 HTML 的注释，位于<!--与-->之间的内容会被当注释处理
<html>	HTML5 文档的根标签，允许省略
<head>	用于定义 HTML5 文档的页面头部分，允许省略
<title>	用于定义 HTML5 文档的页面标题
<body>	用于定义 HTML5 文档的页面主体部分，可以指定 id、class 等通用属性，也可以指定 onload、onclick 等事件属性，这些属性可用于 JavaScript 脚本编程
<h1>~<h6>	定义一级标题到六级标题
<p>	定义段落，可以指定 id、class 等通用属性，也可以指定 onload、onclick 等事件属性
 	插入一个换行，可以指定 id、class 等通用属性
<hr>	定义水平线，可以指定 id、class 等通用属性，也可以指定 onload、onclick 等事件属性

标签	说明
<div>	定义文档中的节，可以指定 id、class、style 等通用属性，也可以指定 onload、onclick 等事件属性
<span>	与<div>基本相似，区别是<span>只是表示一段一般性文本，所包含的文本内容默认不会换行。其可以使用与<div>相同的属性

1.2.2　文本相关标签

有些标签能够使文本内容在浏览器中呈现特定的效果，如表 1-3 所示。

表 1-3　文本效果标签

标签	说明
<b>	定义粗体
<i>	定义斜体
<em>	定义强调文本
<strong>	定义粗体文本
<small>	定义小号字文本
<sup>	定义上标文本
<sub>	定义下标本文
<bdo>	定义文本显示方向

以下代码给出了文本相关标签的用法，其效果如图 1-3 所示。

```
<!DOCTYPE html>
<html>
<head>
    <meta charset="UTF-8"/>
    <title> 文本格式化标签 </title>
</head>
<body>
    <span><b>加粗文本</b></span><br/>
    <span><i>斜体文本</i></span><br/>
    <span><b><i>粗斜体文本</i></b></span><br/>
    <span><em>被强调的文本</em></span><br/>
    <p><strong>加粗文本</strong></p>
    <small><span>小号字体文本</span></small><br/>
    <div>普通文本<sup>上标文本</sup></div>
    <span>普通文本<strong><sub>下标加粗文本</sub></strong></span><br/>
    <!-- 指定文本从左向右（正常情况）排列 -->
```

```
        <bdo dir="ltr">从左向右排列的文本</bdo><br/>
        <!-- 指定文本从右向左排列 -->
        <bdo dir="rtl">从右向左排列的文本</bdo><br/>
    </body>
</html>
```

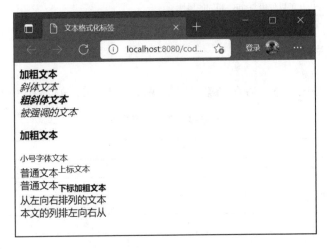

图 1-3　文本相关标签效果

1.2.3　段落标签

在编辑 HTML 页面时输入的空格与换行都会被浏览器忽略，所以若想在页面中显示段落就需要使用<p>标签来实现。由<p>标签所标识的文字会形成一个段落，这样的段落拥有统一的格式。

程序使用<p>标签添加了两个段落，具体效果如图 1-4 所示。

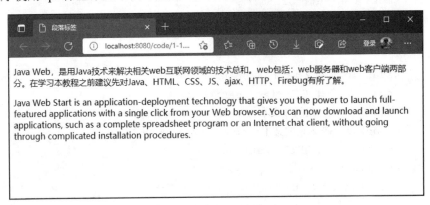

图 1-4　添加段落标签后的效果

1.2.4 语义相关标签

HTML5 保留了以下语义相关标签，如表 1-4 所示。

表 1-4 语义相关标签

标签	说明
<abbr>	用于表示一个缩写，通常需要指定 title 属性，用于指定该缩写的全称
<address>	用于表示一个地址
<blockquote>	用于定义一段长的引用文本
<q>	用于定义一段短的引用文本
<code>	用于表示一段计算机代码
<dfn>	用于定义一个专业术语
<del>	定义文档中被删除的文本
<ins>	定义文档中被插入的文本
<pre>	用于表示所包含的文本已经被"预格式化"，其中空格、回车符、Tab 和其他格式的字符会被保留
<samp>	用于定义示范文本内容

1.2.5 <!DOCTYPE html>标签

大多数页面的开头通常使用 DOCTYPE 标记来声明要使用什么风格的 HTML 或 XHTML。DOCTYPE 使浏览器知道应该如何处理文档，并且让验证器知道按照什么样的标准检查代码的语法，然后使用 html 标记标出实际代码的起始位置。

在过去的 HTML4 或 XHTML1.0 版本中多使用过渡型的 DOCTYPE 标记声明，声明代码如下：

```
<!DOCTYPE HTML PUBLIC"-//W3C//DTD HTML 4.01 Transitional//EN"
"http://www.w3.org/TR/html4/loose.dtd">
```

由于第一行的 DOCTYPE 过于冗长，在实际的 Web 应用中也没有什么意义。HTML5 为了遵循化繁为简的设计原则，简化了 DOCTYPE 声明及字符集，简化后的 DOCTYPE 声明源码如下：

```
<!DOCTYPE html>
```

1.2.6 解决中文支持

使用 HTML 开发网页时，免不了需要在网页上显示中文。如果把<p>标签中的"Hello World"换成"第一个网页"，则在使用 Edge 访问页面时，就会显示乱码，如图 1-5 所示。

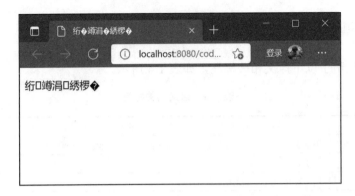

图 1-5　页面乱码

发生这种情况的原因是在编写网页时，没有声明网页支持的字符集，而字符集决定了页面文件的编码方式。在现在的 HTML5 页面中，字符集声明已经被简化，只需要在 <head> 标签中添加 <meta charset="UTF-8"> 即可为页面声明字符集，而 "UTF-8" 代表的就是简体中文。代码如下，效果如图 1-6 所示。

```
<html>
<head>
    <meta charset="UTF-8">
    <title>第一个网页</title>
</head>
<body>
    <p>第一个网页</p>
</body>
</html>
```

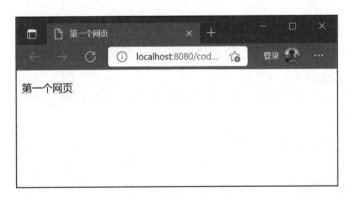

图 1-6　修正页面乱码

1.3 文字与段落

网页主要是用来传递信息的，通过文字传递信息是最有效的传递方式，使用精心处理的文字材料可以制作出效果良好的页面。本节将介绍利用 HTML5 元素对网页中的文字进行有效的设置与编辑的方法，使浏览器可以更好地展现文字内容。

1.3.1 标题标签

HTML 中共有 6 级标题，分别是<h1>、<h2>、<h3>、<h4>、<h5>、<h6>，浏览器会根据标题的级别对文字进行显示。以下代码设置了 6 级标题，效果如图 1-7 所示。

```html
<!DOCTYPE html>
<html>
<head>
    <meta charset="UTF-8">
    <title>标题展示</title>
</head>
<body>
    <h1>这是一级标题</h1>
    <h2>这是二级标题</h2>
    <h3>这是三级标题</h3>
    <h4>这是四级标题</h4>
    <h5>这是五级标题</h5>
    <h6>这是六级标题</h6>
</body>
</html>
```

图 1-7　6 级标题的效果

1.3.2 其他文字标签与特殊符号

在一个网页中，除对文字本身的控制处理外，为了能够突出某一段内容，或者为了配合整体排版效果，还需要使用一些其他的标签来处理整体内容。其中包括以下标签。

1）
换行标签，可以控制段落中的文字进行换行显示。

2）<center>居中标签，让页面内容居中显示，除了文字，也可以使图片居中显示。

3）<hr>水平分隔线，在标记处显示一条水平的分隔线，可以让段落之间更加清晰，默认宽度为 100%。

除此之外，由于浏览器并不能识别文字中输入的空格信息，因此对于空格这类特殊字符，需要使用特殊符号代码来进行添加。页面所支持的部分常见特殊符号如表 1-5 所示。

表 1-5　部分常见特殊符号

特殊符号	符号代码	特殊符号	符号代码
空格		"	&quot;
©	&copy	°	&deg;
¥	&yen	Γ	&Gamma;
<	&lt;	•	&bull;
>	&gt;	TM	&trade;
±	&plusmn;	…	&hellip;

以下代码实现了为一个 html 页面指定编码为 UTF-8 的方式，需要在<head.../>元素中加入<meta>元素，并设置<meta charset="UTF-8">。

```
<!DOCTYPE html>
<html>
<head>
    <meta charset="UTF-8">
    <title>我校召开 70 周年校庆工作推进会</title>
</head>
<body>
    <center><p>校内要闻</p></center>
    <p>1 月 4 日下午,我校召开 70 周年校庆工作推进会,校党委书记阿拉坦仓出席并讲话,
副校长刘九万主持。
    <br>
    阿拉坦仓针对进一步做好校庆筹备工作提出几点意见:
    <br>
    <br>
    一要深刻领悟校庆的重大意义,提高站位,切实增强校庆筹备工作的责任意识;</p>
```

二要突出工作重点,全面推进,坚定不移落实好校庆筹备工作部署;</p>

三要强化作风,实干担当,全力保障校庆工作扎实推进;</p>

四要增强大局意识,统筹协调,确保校庆筹备工作如期完成。</p>

\<hr>

\<p>

阿拉坦仓强调,校庆工作对学校建设发展具有重大意义,全体师大人要从我做起,从自己做起,从现在做起,以良好的精神状态迎接校庆,为校庆添光增彩。要积极加强与广大校友的联系,牢固树立服务校友意识,广泛汇聚海内外校友力量,推动学校和校友实现共同发展。要策划好、开展好一系列主题鲜明、富有成效的宣传工作,全方位多形式展示师大形象,努力营造昂扬向上、凝心聚力、喜庆热烈的校庆氛围,顺势而为,乘势而上,大有作为,以办好人民满意的教育为宗旨,迎接党的二十大胜利召开。</p>

\<hr>

\<p>

\<center>Copyright &copy 2017-2021 内蒙古师范大学</center>

\</p>

\</body>

\</html>

以上程序,使用了<center>、
、<hr>标签,并且还使用了空格与©特殊符号。程序的运行效果如图 1-8 所示。

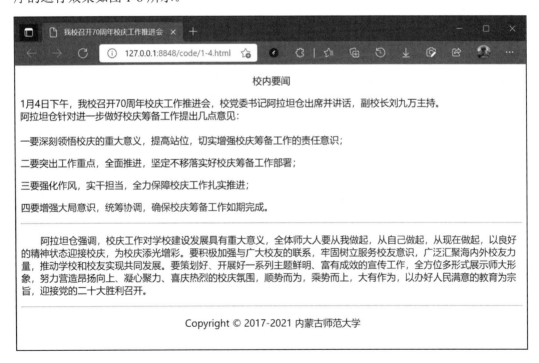

图 1-8　其他文字标签与特殊符号

1.3.3 超链接与图片

一个优秀的网页除了文字内容，另一个重要的内容就是图片，通过图片可以让用户直观地感受整个网络站点的风格和要介绍的内容。当然，对于一个网络站点来说，肯定会存在多个网页文件，而这些网页文件相互都需要使用超链接来完成相互访问。超链接是一个网站的精髓，通过它可以允许一个网页链接外部的文本与各类媒体，如声音、图像与动画元素。所以，在网页制作的过程中，如何使用图片与超链接是制作一个优秀的网页的关键。

1. 超链接的使用

创建超链接的标记是<a>和</a>，英文是 anchor。超链接除可以链接文本外，还可以链接各种媒体资源，如声音、图像、动画等，通过使用超链接可以利用多媒体极大地丰富页面内容。

超链接的基本语法格式如下：

```
<a href="资源地址 URL" title="指向链接显示的文字" target="窗口名称">链接标题</a>
```

语法说明：

<a>标签必须成对使用，<a>表示一个链接的开始，</a>表示链接的结束，其中 href 属性定义了这个链接所指的目标地址的统一资源定位符（uniform resource locator，URL），如果地址有误，则会导致资源无法访问。title 属性可以指定鼠标指针悬停在超链接上时所显示的标题文字。target 属性用于指定打开超链接的目标窗口，其默认方式是在原窗口打开。建立目标窗口的属性取值如表 1-6 所示。

表 1-6　建立目标窗口的属性取值

属性值	描述
_parent	在父框架集中打开被链接文档
_blank	在新窗口中打开被链接文档
_self	默认值，在同一个窗口中打开被链接文档
_top	在浏览器的整个窗口中打开被链接文档，忽略任何框架

使用超链接的示例代码如下，其中一个超链接可以打开百度搜索页面，另一个超链接可以在一个新窗口中打开"1-6.html"页面。

```
<!DOCTYPE html>
<html>
    <head>
```

```
        <meta charset="UTF-8">
        <title>超链接</title>
    </head>
    <body>
        <h3>超链接案例</h3>
        <hr>
        <p>
        <a href="http://www.baidu.com" title="百度">百度链接</a>
        </p>
        <hr>
        <p>
        <a href="1-6.html" title="在新窗口打开本地链接" target="_blank">
            程序 1-6</a>
        </p>
    </body>
</html>
```

上述程序中，分别使用<a>标签链接了外部与本地的资源。在链接外部网页时，需要保证 URL 地址的正确性与完整性；而使用本地资源时，需要注意本地资源路径是相对路径还是绝对路径。

2. 图片的使用

可以使用<img>标签添加图片，其基本语法格式如下：

```
<img src="图片 URL 地址" alt="图片提示文字"/>
```

语法说明：<img>标签为单标签，其中 src 指向图片资源的地址，可以是网络链接或本地路径。alt 属性的全称为 alternate text，其作用有 3 点：①假如浏览器没有载入图片的功能，就会显示 alt 中属性的值；②根据 alt 中属性的值，可以帮助搜索引擎抓取图片；③对于某些特殊人群（如盲人），在使用浏览器时通过语音读取 alt 中属性的内容，可方便这些特殊人群理解网页的内容。

在以下示例代码中，分别在网页中加载了互联网中的图片与本地图片。

```
<!DOCTYPE html>
<html>
    <head>
        <meta charset="UTF-8">
        <title>图片使用</title>
    </head>
    <body>
        <h3>图片使用</h3>
```

```
        <hr>
        <h3>外部链接图片使用</h3>
        <img src="https://www.baidu.com/img/PCtm_d9c8750bed0b3c7d089
            fa7d55720d6cf.png" alt="百度 logo"/>
        <hr>
        <h3>本地图片使用</h3>
        <img src="logo.png" alt="html5logo"/>
    </body>
</html>
```

　　这里需要注意的是，在加载网络图片时需要使用图片 URL 的完整地址，如果地址有误则会导致图片资源无法读取，而在加载本地图片资源时可以使用相对路径和绝对路径两种方式。图片链接与本地图片加载的效果如图 1-9 所示。

图 1-9　图片链接与本地图片加载的效果

1.4　列表与表格

1.4.1　列表标签

　　在制作网页的过程中，经常会遇到需要展示提纲或列表的内容的情况，为了能够更加美观地展现这些内容，可以使用列表标签来完成。

列表一共分为 3 种，分别是无序列表、有序列表和自定义列表。

1. 无序列表

无序列表是一个没有特定顺序的相关内容的集合。在无序列表中，每一个列表项之间属于并列关系，没有先后顺序的区别。

无序列表的基本语法格式如下：

```
<ul type="项目类型">
    <li>子项目</li>
    <li>子项目</li>
    <li>子项目</li>
</ul>
```

语法说明：在使用<ul>标签时需要配合<li>标签来使用，其中<ul>表示要建立一个无序列表，而 type 属性可以定义列表项前显示的符号样式，其具体属性取值如下。

1）disc：项目内容前的符号为实心圆点。

2）circle：项目内容前的符号为空心圆点。

3）square：项目内容前的符号为实心方块。

使用<li>标签定义具体的列表内容部分。

2. 有序列表

有序列表是一个具有特定顺序的相关内容的集合。在有序列表中，每一个列表项之间有先后顺序之分，如完成一项工作的一系列步骤，这些步骤需要按照顺序执行。

有序列表的基本语法格式如下：

```
<ol type="项目类型">
    <li>子项目</li>
    <li>子项目</li>
    <li>子项目</li>
</ol>
```

语法说明：<ol>标签使用时需要配合<li>标签来使用，其中<ol>标签表示要建立一个有序列表，而 type 属性可以定义列表项前显示的符号样式，其具体属性取值如下。

1）1：默认，项目内容前为十进制数字。

2）a：项目内容前为字母顺序，小写（a、b、c、d）。

3）A：项目内容前为字母顺序，大写（A、B、C、D）。

4）i：项目内容前为罗马字母顺序，小写（i、ii、iii、iv）。

5）Ⅰ：项目内容前为罗马字母顺序，大写（Ⅰ、Ⅱ、Ⅲ、Ⅳ）。

使用<li>标签定义具体列表的内容部分。

3. 自定义列表<dl>

自定义列表的基本语法格式如下:

```
<dl>
    <dt>自定义标题 1<dt>
        <dd>自定义标题 1 列表项 1</dd>
        <dd>自定义标题 1 列表项 2</dd>
    <dt>自定义标题 2</dt>
        <dd>自定义标题 2 列表项 1</dd>
        <dd>自定义标题 2 列表项 2</dd>
</dl>
```

语法说明:

、和通常用于定义各种术语的列表,列表可包含多个列表项,其中用来定义术语的标题,一个下可以包含多个定义多个术语,但多个术语不允许重复。每个元素后面可紧跟一个或多个元素,元素的内容用于对指定的标题进行说明。自定义列表的示例代码如下:

```
<body>
    <h2>dt 定义标题、dd 定义解释</h2>
    <dl>
    <dt>Hadoop<dt>
    <dd>Hadoop 是一个由 Apache 软件基金会所开发的分布式系统基础架构。用户可以在
        不了解分布式底层细节的情况下,开发分布式程序。</dd>
    <dt>HBase</dt>
    <dd>HBase-Hadoop Database,是一个高可靠性、高性能、面向列、可伸缩的分布式存
        储系统,利用 HBase 技术可在廉价 PC Server 上搭建起大规模结构化存储集群 </dd>
    <dd>Pig 和 Hive 还为 HBase 提供了高层语言支持,使在 HBase 上进行数据统计处理
        变得非常简单。</dd>
    </dl>
</body>
```

1.4.2 表格标签

HTML5 保留了以下表格元素。

1)<table>:用于定义表格。<table.../>元素只能包含 0 个或 1 个<caption.../>子元素,0 个或 1 个<thead.../>子元素, 0 个或 1 个<tfoot.../>子元素,多个<tr.../>子元素,多个<tbody.../>子元素。该元素可以指定 id、style 和 class 等通用属性,也可以指定 onclick

等事件属性。除此之外，该元素还可以指定如下几个属性。

① cellpadding：指定单元格内容和单元格边框之间的间距。该属性既可以是像素值，也可以是百分比。

② cellspacing：指定单元格之间的间距。该属性值既可以是像素值，也可以是百分比。

③ width：指定表格的宽度，该属性值既可以是像素值，也可以是百分比。

2）<caption>：用于定义表格标题。该元素只能包含文本、图片、超链接、文本格式化元素和表单空间元素等。

3）<tr>：用于定义表格行。该元素只能包含<td.../>或<th.../>两种元素，该元素可以指定 id、style 和 class 等通用属性，也可以指定 onclick 等事件属性。

4）<td>：定义单元格。该元素和<div.../>元素一样，可以包含各种类型的子元素，如可以在<td.../>元素中包含一个<table.../>子元素，其作用是在这个单元格中插入一个表格。该元素可以指定 id、style 和 class 等通用属性，也可以指定 onclick 等事件属性。除此之外，该元素还可以指定如下几个属性。

① colspan：指定该单元格跨多少列，该属性值就是一个简单数字。

② rowspan：指定该单元格跨多少行。

③ height：指定该单元格的高度，该属性值既可以是像素值，也可以是百分比。

④ width：指定该单元格的宽度，该属性值既可以是像素值，也可以是百分比。

5）<th>：用于定义表格的表头单元。

6）<tbody>：用于定义表格的主体。

7）<thead>：用于定义表格的头部。

8）<tfoot>：用于定义表格的脚部。

1.5　表单与控件

1.5.1　表单标签

HTML 表单（form）是 HTML 的一个重要部分，主要用于采集和提交用户输入的信息。

1. 表单说明

1）<form>标签用于创建 HTML 表单。

2）表单能够包含 input 元素，如文本字段、复选框、单选按钮、提交按钮等。

3）表单还可以包含 menus、textarea、fieldset、legend 和 label 元素。

4）表单用于向服务器传输数据。

2. 表单结构

表单由<form.../>元素和标签、文本框、按钮等其他元素共同构成，主要用于和用户进行交互，收集用户提交的数据。以下是一个表单的代码示例，其中段落元素<p.../>在表单中用来对其他元素进行布局。

```
<form action="form_action.asp" method="get">
  <p>First name: <input type="text" name="fname"/></p>
  <p>Last name: <input type="text" name="lname"/></p>
  <input type="submit" value="Submit"/>
</form>
```

1.5.2 控件

表单控件（form control）指通过 HTML 表单的各种控件，用户可以进行输入文字信息、从选项中选择及做提交等操作。

表单控件说明如下。

1）input type="text"：单行文本输入框。

2）input type="submit"：将表单中的信息提交给表单中 action 属性所指向的文件。

3）input type="checkbox"：复选框。

4）input type="radio"：单选按钮。

5）select：下拉列表。

6）textarea：多行文本输入框。

7）input type="password"：密码输入框（输入的文字使用*表示）。

1.5.3 应用实例

1. 表单控件示例

例如，一个让用户输入姓名的 HTML 表单的示例代码如下：

```
<form action="http://www.admin5.com/html/asdocs/html_tutorials/yourname.
jsp" method="get">
请输入你的姓名：
<input type="text" name="yourname">
<input type="submit" value="提交">
</form>
```

上述语句中，input type="text"就是一个表单控件，表示一个单行文本输入框。用户输入的表单信息总是需要程序来进行处理，表单中的 action 属性就指明了处理表单信息的文件。method 属性表示发送表单信息的方式。method 有两个值：get 和 post。get 的方式是将表单控件的 name/value 信息经过编码之后，通过 URL 发送（可以在地址栏中看到）。post 将表单的内容通过超文本传输协议（hyper text transfer protocol，HTTP）发送，在地址栏中看不到表单的提交信息。那什么时候用 get，什么时候用 post 呢？一般是这样来判断的：如果只是为取得和显示数据，则使用 get；一旦涉及数据的保存和更新，那么建议使用 post。

2. 表单控件复选框示例

```
<input type="checkbox" name="fruit" value ="apple">苹果<br>
<input type="checkbox" name="fruit" value ="orange">橘子<br>
<input type="checkbox" name="fruit" value ="mango">芒果<br>
```

3. 表单控件单选按钮示例

```
<input type="radio" name="fruit" value = "Apple">苹果<br>
<input type="radio" name="fruit" value = "Orange">橘子<br>
<input type="radio" name="fruit" value = "Mango">芒果<br>
```

4. 表单控件下拉列表示例

```
<select name="fruit">
    <option value="apple">苹果
    <option value="orange">橘子
    <option value="mango">芒果
</select>
```

5. 表单控件 multiple 示例

表单控件下拉列表的 multiple 属性示例如下：

```
<select name="fruit" multiple size="3">
    <option value="apple">苹果
    <option value="orange">橘子
    <option value="mango">芒果
</select>
```

其中，multiple 属性用于指定多选，size 属性用于指定多选的数量。

6. 表单控件多行文本输入框（textarea）示例

```
<textarea name="yoursuggest" cols ="50" rows = "3"></textarea>
```

其中，cols 表示 textarea 的宽度，rows 表示 textarea 的高度。

7. 表单控件密码输入框示例

```
<input type="password" name="yourpw">
```

8. 表单控件提交示例

```
<input type="submit" value="提交">
```

9. 表单控件图片提交示例

```
<input type="image" src="images/icons/go.gif"
alt="提交" NAME="imgsubmit">
```

•••••• ● 本 章 小 结 ● ●••••••

本章对 HTML5 基本知识进行了介绍,讲解了 HTML5 中的基本标签和中文支持方法,对文字与段落、列表与表格、表单与控件的相关知识进行了重点说明并给出了丰富的代码示例。

本章内容是 Java Web 开发过程中编写前端页面的基础知识,也是 Web 开发不可或缺的组成部分。

另外,HTML5 具有一些高阶特性,如 HTML5 画布、HTML5 音频和视频、HTML5 的 Web 存储等,这些内容本章并未涉及,可以通过其他资源进一步学习并掌握。

习 题

1. HTML 指的是（   ）。
   A. 超文本标记语言　　　　　　　B. 家庭工具标记语言
   C. 超链接和文本标记语言　　　　D. 以上都不对
2. Web 标准的制定者是（   ）。
   A. 微软公司　　　　　　　　　　B. W3C
   C. 网景公司（Netscape）　　　　D. Apache 基金
3. 使用 HTML 语言编写一个简单的网页,网页最基本的结构是（   ）。
   A. <html> <head>...</head> <frame>...</frame> </html>
   B. <html> <title>...</title> <body>...</body> </html>
   C. <html> <title>...</title> <frame>...</frame> </html>

D．<html> <head>...</head> <body>...</body> </html>

4．在网页中，必须使用（　　）标记来完成超链接。

A．<a>...</a>　　　　B．<p>...</p>　　　C．<link>...</link>　　　D．<li>...</li>

5．以下选项中，全部都是表格标记的是（　　）。

A．<table><head><tfoot>　　　　　　　B．<table><tr><td>

C．<table><tr><tt>　　　　　　　　　D．<thead><body><tr>

6．按照图 1-10，使用 HTML 编写一个静态页面，页面中包含一个完整的表单。

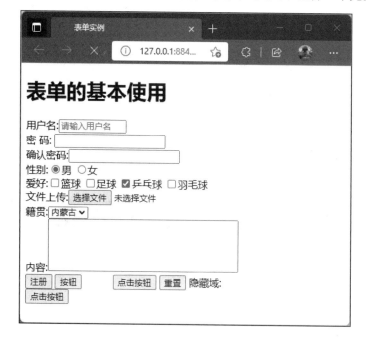

图 1-10　静态网页

CSS 基础

第2章

学习目标

➤ 了解 CSS 样式表与网页布局。

➤ 掌握盒模型与布局的相关属性。

➤ 掌握 CSS 样式表的列表修饰方法。

➤ 掌握 CSS 样式表的表格修饰方法。

2.1 CSS 样式表

CSS3 是层叠样式表（cascading style sheets，CSS）技术的升级版本，自 2010 年开始逐渐普及。目前，对于浏览器/服务器（browser/server，B/S）模式结构的 Web 服务，CSS 是不可缺少的技术。

在使用 Java Web 技术进行开发时，DIV+CSS 是解决前端的重要手段。CSS 可以将 Web 前端的 HTML 代码和页面布局，以及添加的一些特殊效果的代码分隔开。这样提高了 Web 前端开发的效率，无论对传统的 JSP 与 HTML 混合编程还是前后端分离模式，都很好地优化了前端设计，并且在修改网页时也十分轻松。

CSS 主要用于网页的风格设计，包括字体大小、颜色及元素的定位等。HTML5 规范推荐把页面外观交由 CSS 控制，而 HTML 标签则负责内容、语义部分。对于 Web 应用开发来说，仅仅掌握 HTML5 是不够的，需要同时掌握 HTML5 和 CSS 的相关知识。

2.1.1 CSS 的基本使用方法

样式表是一种专门描述结构文档表现形式的文本。W3C 组织大力提倡使用样式表描述结构文档的显示效果，并给出了两种样式表语言的标准推荐：一种是 CSS，另一种是可扩展样式表语言（extensible stylesheet language，XSL）。

CSS 不仅可以静态地修饰网页，还可以配合各种脚本语言动态调整网页元素的格式。目前来说，CSS 样式能够对网页中的元素进行精确的控制与排版，并且可以指定使用各种字体、字号、背景图片、颜色等样式内容。CSS 可以将内容逻辑和显示逻辑分离，从而提高文件的可读性，也使网页的重用性和可维护性大大增强。目前 CSS 的最新版本是 CSS3，也是本书主要介绍的版本。

在 HTML 中可以通过以下 4 种方式使用 CSS。

1. 链接外部样式文件

HTML 文档中使用<link.../>标签链接外部样式文件，在<head.../>标签中增加如下<link.../>标签。其中，type 和 rel 两个属性表明该页面使用了 CSS，这两个属性值不需要改变。href 的属性值是 CSS 文档的地址，可以是相对地址，也可以是互联网上的绝对地址。

以下代码是使用<link.../>标签引入外部 CSS 文件的写法。

```
<link type="text/css" rel="stylesheet" href="CSS 文件的 URL">
```

下面是一个简单 HTML 文档的代码，该文档没有提供任何显示样式，只是简单的 HTML 表格，包含了 3 个字符串内容。

```
<!DOCTYPE html>
<html>
<head>
    <meta charset="UTF-8">
    <title>链接外部 CSS 样式文件</title>
</head>
<body>
    <table>
        <tr>
            <td>《中国现代语言学史》</td>
        </tr>
        <tr>
            <td>《中国古代语言学史》</td>
        </tr>
        <tr>
            <td>《语言学史》</td>
        </tr>
    </table>
</body>
</html>
```

上述代码没有使用 CSS 样式，在浏览器中浏览该页面，效果如图 2-1 所示。

图 2-1　没有使用 CSS 样式的 HTML 页面

在上述 HTML 文档中引入外部的 CSS 样式表文件，在<head.../>标签中插入以下代码：

```
<link type="text/css" rel="stylesheet" href="outer.css">
```

outer.css 文件内容如下：

```
table {
    background-color: #003366;
    width: 400px;
}


td {
    background-color: #fff;
    font-family: "楷体_GB2312";
    font-size: 20pt;
    text-shadow: -8px 6px 2px #333;
}
```

使用 CSS 样式后的页面效果如图 2-2 所示。

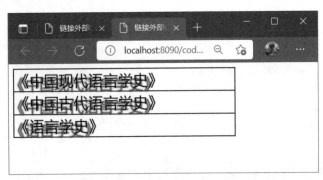

图 2-2　引入外部 CSS 样式后的页面效果

2. 导入外部样式文件

导入外部样式文件与链接外部样式文件的功能差不多，只是语法上有区别。导入外部样式需要在<style.../>标签中使用@import 来执行导入操作。完整的语法格式如下：

```
@import url(CSS 文档地址) sMedia
```

上述语法格式中，url 可以省略，因此使用@import 导入样式文件时只需要指定 CSS 文件地址即可。sMedia 用于指定该样式对哪种显示设备有效，不过目前大多数浏览器不支持这个设置。以下代码为使用@import 的样例。

```
<style type="text/css">
    @import "outer.css"
</style>
```

3. 使用内部样式定义

内部 CSS 样式需要放在<style.../>标签中定义，内部 CSS 样式定义与外部 CSS 样式文件的内容完全一样。<style.../>标签应该放在<head.../>标签中，作为它的二级内容。以下代码是一个使用内部样式定义的例子。

```
<!DOCTYPE html>
<html>
<head>
    <meta charset="UTF-8">
    <title>第一个网页</title>
    <style type="text/css">
        p {background-color: gray;}
    </style>
</head>
<body>
    <p>Hello World!</p>
</body>
</html>
```

内部 CSS 样式仅对某一个页面有效，不会影响其他的页面或站点。内部 CSS 样式也有它的问题：不能够复用 CSS 样式编码，相同的样式设置可能出现多次，修改不便。大量相同的 CSS 嵌套在 HTML 中会导致 HTML 文档体积增加，客户端需要重复下载导致网络负担较大。

4. 使用行内样式

行内样式只对单个标签有效，甚至不会影响标签所在文件。行内样式可以精确控制某个 HTML 标签的外观。为了使用行内样式，CSS 扩展了 HTML 标签，大多数的 HTML 标签增加了一个 style 通用属性，该属性的值是一个或多个 CSS 样式定义，样式之间使用英文分号分割。以下代码是一个使用内部样式的例子。

```
<!DOCTYPE html>
<html>
<head>
    <meta charset="UTF-8">
    <title>第一个网页</title>
</head>
<body>
    <p style="background-color: gray;font-size:20pt;
    font-family:'楷体_GB2312';">这是内蒙古师范大学的 EStore。</p>
</body>
</html>
```

2.1.2 CSS 选择器

从前文的例子中可以看到，除行内样式外，定义 CSS 样式的语法格式如下：

```
Selector {
    property1: value1;
    property2: value2;
    ...
}
```

上述语法格式可以分为以下两个部分。

1）Selector：选择器，决定该样式定义对哪些标签起作用。

2）{property: value;...}：属性定义，决定样式起到怎样的作用，如字体、颜色等。

综上所述，学习 CSS 需要掌握两个部分：一是掌握选择器的定义方法，二是掌握属性的定义和设置方法。本节介绍选择器的定义方法。

1. 元素选择器

HTML 元素指的是从开始标签（start tag）到结束标签（end tag）的所有代码。元素选择器是最简单的选择器，语法格式如下：

```
E {...}   /*其中 E 代表有效的 HTML 元素名称*/
```

上述语法格式中的 E 可以代表任意有效的 HTML 元素名，如果要指代 HTML 文档中的所有元素名，则可以使用"*"号。以下代码使用"*"号来匹配页面中的所有元素，并为所有元素指定显示效果。

```html
<!DOCTYPE html>
<html>
<head>
    <meta charset="UTF-8">
    <title>元素选择器测试</title>
    <style type="text/css">
        * {
            border: 1px black solid;
            padding: 4px;
        }
    </style>
</head>
<body>
    <a href="#">超链接文字</a>
    <div>div 中的文字<span>span 中的文字</span></div>
    <p>p 中的文字</p>
</body>
</html>
```

在 HTML 页面中，可以使用元素选择器指定某些类型元素的显示效果。在以下代码中，使用 div 选择器和 p 选择器对整个页面中的<div.../>和<p.../>进行了设置。

```html
<!DOCTYPE html>
<html>
<head>
    <meta charset="UTF-8">
    <title>元素选择器测试</title>
    <style type="text/css">
        div {
            background-color: grey;
            font: italic normal bold 14pt normal 楷体_GB2312;
        }
        p {
            background-color: #444;
            color:#fff;
            font: normal small-caps bold 20pt normal 宋体;
        }
```

```
        </style>
    </head>
    <body>
        <a href="#">超链接文字</a>
        <div>div 内的文字</div>
        <p>p 内的文字</p>
    </body>
    </html>
```

2. 属性选择器

属性选择器有以下 8 种常用的语法格式，这些属性选择器并没有得到所有浏览器的支持，只有第一种选择器在所有浏览器中运行良好，最后 3 种是 CSS3 新增的选择器。

1）指定该 CSS 样式对所有 E 元素有作用，语法格式如下：

```
E {...}
```

2）指定该 CSS 样式对所具有 attribute 属性的 E 元素有作用，语法格式如下：

```
E [attribute] {...}
```

3）指定该 CSS 样式对所有包含 attribute 属性，且 attribute 的属性值为 value 的 E 元素有作用，语法格式如下：

```
E [attribute=value] {...}
```

4）指定该 CSS 样式对所有包含 attribute 属性，且 attribute 的属性值为以空格隔开的系列值，其中某个值为 value 的 E 元素有作用，语法格式如下：

```
E [attribute~=value] {...}
```

5）指定该 CSS 样式对所有包含 attribute 属性，且 attribute 的属性值为以连字符隔开的系列值，其中第一个值为 value 的 E 元素有作用，语法格式如下：

```
E [attribute|=value] {...}
```

6）指定该 CSS 样式对所有包含 attribute 属性，且 attribute 的属性值为以 value 开头的 E 元素有作用，语法格式如下：

```
E [attribute^=value] {...}
```

7）指定该 CSS 样式对所有包含 attribute 属性，且 attribute 的属性值为以 value 结尾的 E 元素有作用，语法格式如下：

```
E [attribute$=value] {...}
```

8）指定该 CSS 样式对所有包含 attribute 属性，且 attribute 的属性值包含 value 的 E

元素有作用，语法格式如下：

```
E [attribute*=value] {...}
```

以上几个属性选择器的匹配规则越严格，优先级越高。当多个 CSS 样式都对同一个 HTML 元素起作用时，该 HTML 元素显示的外观效果是多个 CSS 样式定义"叠加"的结果。如果多个 CSS 在某些属性上有重复定义，而属性值又不相同，那么优先级最高的 CSS 样式定义最终有效。属性选择器匹配的优先级可以参照以下代码。

```html
<!DOCTYPE html>
<html>
<head>
    <meta charset="UTF-8">
    <title>属性选择器测试</title>
    <style type="text/css">
    /* 对所有div元素都起作用的CSS样式 */
    div {
        width:300px;
        height:30px;
        background-color:#eee;
        border:1px solid black;
        padding:10px;
    }
    /* 对有id属性的div元素起作用的CSS样式 */
    div[id] {
        background-color:#aaa;
    }
    /* 对有id属性值包含xx的div元素起作用的CSS样式 */
    div[id*=imnu] {
        background-color:#999;
    }
    /* 对有id属性值以xx开头的div元素起作用的CSS样式 */
    div[id^=imnu] {
        background-color:#555;
        color:#fff;
    }
    /* 对有id属性值等于xx的div元素起作用的CSS样式 */
    div[id=imnu] {
        background-color:#111;
        color:#fff;
    }
```

```
        </style>
    </head>
    <body>
    <div>没有任何属性的div元素</div>
        <div id="cn">带id属性的div元素</div>
        <div id="ciecimnu">id属性值包含imnu子字符串的div元素</div>
        <div id="imnuedu">id属性值以imnu开头的div元素</div>
        <div id="imnu">id属性值为imnu的div元素</div>
    </body>
    </html>
```

以上代码中定义的 5 个属性选择器的匹配规则依次更加严格，优先级逐个升高，优先级越高，背景颜色越深。页面中有 5 个<div.../>元素，它们依次匹配 CSS 样式中定义的 5 个属性选择器，效果如图 2-3 所示。

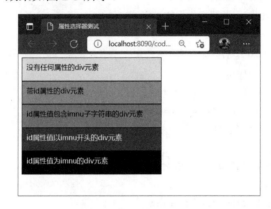

图 2-3   属性选择器的效果

3. ID 选择器

ID 选择器指定 CSS 样式会对具有指定 id 属性值的 HTML 元素起作用。ID 选择器的语法格式如下：

```
#idValue {...}
```

上述语法表示该 CSS 样式对 id 为 idValue 的 HTML 元素起作用。"#" 代表是 ID 选择器，不能省略也不能替换为其他符号。

4. class 选择器

class 选择器指定 CSS 样式对具有指定 class 属性的元素起作用。class 选择器的语法格式如下：

```
[E].classValue {...}
```

指定该 CSS 定义对 class 属性值为 classValue 的 E 元素起作用，"."代表是 class 选择器，不能省略也不能替换为其他符号。这里的 E 元素可以省略，如果省略则 CSS 对所有 class 属性值为 classValue 的元素起作用。W3C 组织规定大多数的 HTML 元素可以指定 class 属性。

以下代码定义了两个 class 选择器。

```
<!DOCTYPE html>
<html>
<head>
    <meta charset="UTF-8">
    <title>class 选择器测试</title>
    <style type="text/css">
    .myclass {
        width:240px;
        height:40px;
        background-color:#dddddd;
    }
    div.myclass {
        border:2px dotted black;
        background-color:#888888;
    }
    </style>
</head>
<body>
    <div class="myclass">class 属性为 myclass 的 div 元素</div>
    <p class="myclass">class 属性为 myclass 的 p 元素</p>
</body>
</html>
```

上述代码的运行效果如图 2-4 所示。

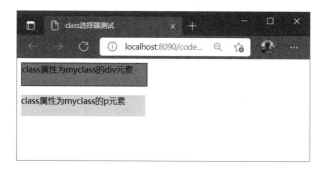

图 2-4　class 选择器的效果

5. 包含选择器

包含选择器用于指定目标选择器必须处于某个选择器对应的元素内部，其语法格式如下：

```
Selector1 Selector2 {...}
```

上述格式中的两个选择器 Selector1 和 Selector2 都是有效的选择器，在 HTML 文本中可以同时存在。以下代码给出了示例。

```html
<!DOCTYPE html>
<html>
<head>
    <meta charset="UTF-8">
    <title>包含选择器测试</title>
    <style type="text/css">
    div {
        width:450px;
        height:60px;
        background-color:#ddd;
        margin:5px;
    }
    div .test {
        width:300px;
        height:35px;
        border:2px dotted black;
        background-color:#888;
    }
    </style>
</head>
<body>
    <div>没有任何属性的 div 元素</div>
    <div><section><span class="test">处于 div 之内且 class 属性为 test 的元素</span></section></div>
    <p class="test">没有处于 div 之内,但 class 属性为 test 的元素</p>
</body>
</html>
```

上述代码中,class 的属性值为 test 的元素有两个,一个是<span.../>,另一个是<p.../>。由于<span.../>元素包含在一个<div.../>元素内部,而<p.../>不是，因此 div.test 选择器只对<span class="test">...</span>起作用。上述代码的运行效果如图 2-5 所示。

图 2-5　包含选择器的效果

6. 子选择器

子选择器用于指定目标选择器必须是某个选择器对应元素的子元素，其语法格式如下：

```
Selector1>Selector2 {...}
```

上述格式中的两个选择器 Selector1 和 Selector2 都是有效的选择器，且 Selector2 指定的元素应该是 Selector1 指定元素的直接下一级元素，这样子选择器的 CSS 定义才能起作用。子选择器和包含选择器有些相似，区别是，在包含选择器中，Selector2 指定的元素位于 Selector1 指定元素的内部即可，不一定是直接下一级元素（所谓的子元素）。

7. CSS3 新增的兄弟选择器

兄弟选择器是 CSS3 新增的一个选择器，兄弟选择器的语法格式如下：

```
Selector1 ~ Selector2 {...}
```

兄弟元素之间没有上下级的包含关系，而是同一级的、并列的若干个元素。兄弟选择器选取 Selector1 对应元素后面的能与 Selector2 匹配的兄弟元素。以下代码给出了示例。

```
<!DOCTYPE html>
<html>
<head>
  <meta charset="UTF-8">
  <title>兄弟选择器</title>
  <style type="text/css">
    #short ~ .long{
      background-color: #00FF00;
    }
```

```
        </style>
    </head>
    <body>
    <div>
        <div>《Python 语言编程》</div>
        <div class="long">《Java Web 实用技术》</div>
        <div id="short">《语言学史》</div>
        <div class="long">《中国现代语言学史》</div>
        <p class="long">《中国古代语言学史》</p>
    </div>
    </body>
    </html>
```

上述代码中，"《Java Web 实用技术》"虽然位于 class 属性值为 long 的 div 元素中，但是它所在位置先于"《语言学史》"所在的 div 元素，所以"#short~.long"选择器指定的 CSS 样式对它不起作用。上述代码的运行效果如图 2-6 所示。

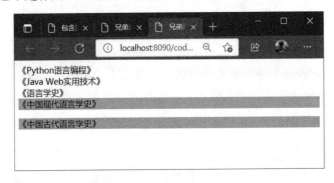

图 2-6　兄弟选择器的效果

8. 选择器组合

如果需要让一份 CSS 样式对多个选择器起作用，就可以使用选择器组合来实现。选择器组合的语法格式如下：

```
Selector1,Selector2,Selector3,... {...}
```

多个选择器使用英文的逗号分隔。

2.1.3　网页布局

网页布局是一种定义网页结构的模式。良好的页面内容层次结构、清晰的用户导航、吸引用户眼球的网页外观等都可以通过定义一个合理的网页布局来实现。

常用的网页布局技术有以下几种。

1. 固定布局

固定布局为网页设置一个固定的宽度，通常以 px 作为长度单位。这种布局有很强的稳定性和可控性，也没有兼容问题，但不能根据用户的屏幕尺寸进行调整。如果用户的屏幕分辨率小于这个宽度就会出现滚动条，如果大于这个宽度则会留下空白。

2. 流式布局

流式布局为网页设置一个相对的宽度，页面元素的大小按照屏幕分辨率进行适配调整，但整体布局不变，通常以百分比作为长度单位（通常搭配 min-、max- 属性定义尺寸的上下限），高度大多使用 px 固定。流式布局的代表是网格系统（grid system）。这种布局的缺点是，因为宽度使用百分比定义，高度和文字大小等使用固定尺寸，所以在大屏幕下其显示效果有页面元素的宽度被拉长，而高度、文字大小不变的问题。

3. 网格化布局

将网页宽度划分成均等的长度，然后排版布局时以这些均等的长度作为度量单位，通常利用百分比作为长度单位来进行划分。例如，Bootstrap 的网络系统基于一个 12 列的布局，有 5 种响应尺寸（对应不同的屏幕），支持 Sass mixins 自由调用，并结合自己预定义的 CSS、JavaScript 类，用来创建各种形状和尺寸的布局。

4. 自适应布局

自适应布局的特点是分别为不同的屏幕分辨率定义布局，即为不同类别的设备创建不同的静态布局，每个静态布局对应一个屏幕分辨率范围。改变屏幕分辨率可以切换调用相应的布局（页面元素位置发生改变而大小不变），但在每个静态布局中，页面元素不随窗口大小的调整发生变化。可以把自适应布局看作静态布局的一个系列。

在自适应布局方式下，当视口大小低于设置的最小视口时，界面会出现显示不全、溢出等情况，并出现滚动条。当需求改变时，可能需改动多处代码。

5. 响应式布局

响应式布局的目标是确保一个页面在所有终端上（各种尺寸的个人计算机、手机、iPad 等）都能显示出令人满意的效果。通过检测设备信息，决定网页布局方式，即用户如果采用不同的设备访问同一个网页，有可能会看到不一样的展示效果。可以把响应式布局看作流式布局和自适应布局设计理念的融合。

在实际编写网页的过程中，无论采用上述的何种布局方式，都离不开对相应网页布局技术的掌握。网页布局可以通过使用<table.../>或<div.../>元素完成。<table.../>原本用于存储数据，而不是用来制作网页布局，只是<table.../>可以把页面元素（如图片）放到任何位置，并且制作出的页面可以兼容多种浏览器，于是它就承担起了布局页面的重担。但是使用<table.../>布局的问题较多，目前主要使用 CSS+DIV 的技术组合来布局。

DIV 在 HTML 中是一个块级元素，所以它很适合用来构建网页的结构。使用 HTML 描述网页文档的结构，并使用 CSS 的布局技术来实现页面的排版布局。在设计标准网页时，应该首先考虑一个良好的 HTML 结构。在使用 DIV 和 CSS 作为布局技术时，需要强调两个原则：首先要结构简洁、清晰；其次必须要有语义。DIV 不是一个视觉元素，可以用来增强网页的阅读性，即使在没有 CSS 修饰的情况下，网页也应该能正常显示并被阅读。

2.2　盒模型与布局的相关属性

CSS 除了可以控制页面中各元素的样式外，还可以控制页面的布局。

2.2.1　盒模型

1. 盒模型概述

CSS 的一个重要概念是盒模型（box model）。对于一个 HTML 元素而言，它会占据页面的一个矩形区域，这个区域就是该元素具有的"盒子"。HTML 元素占据的矩形区域由内容区（content）、内填充区（内边距区，padding）、边框区（border）和外边距区（margin）4 个部分组成，如图 2-7 所示。

图 2-7　HTML 元素的盒模型

2. 内填充区的相关属性

内填充区的相关属性有以下几个。

1）padding：可以同时设置上、下、左、右 4 个边的内填充距离。如果设置 4 个长度，则分别对应上、右、下、左 4 个边（顺序不能改变）；如果设置 1 个长度，则 4 个边的内填充距离相同；如果设置 2 个长度，那么第一个对应上边、下边，第二个对应左边、右边；如果设置 3 个长度，那么第一个对应上边，第二个对应左边、右边，第三个对应下边。

2）padding-top：设置上边的内填充距离。

3）padding-right：设置右边的内填充距离。

4）padding-bottom：设置下边的内填充距离。

5）padding-left：设置左边的内填充距离。

3. 外边距的相关属性

1）margin：可以同时设置上、下、左、右 4 个边的外边距。如果设置 4 个长度，则分别对应上、右、下、左 4 个边（顺序不能改变）；如果设置 1 个长度，则 4 个边的外边距相同；如果设置 2 个长度，则第一个对应上边、下边，第二个对应左边、右边；如果设置 3 个长度，则第一个对应上边，第二个对应左边、右边，第三个对应下边。

2）margin-top：设置上边的外边距。

3）margin-right：设置右边的外边距。

4）margin-bottom：设置下边的外边距。

5）margin-left：设置左边的外边距。

4. 盒模型的宽度和高度计算

HTML 元素的盒模型的内容区和边框区是可见的，而外边距区和内填充区是不可见的。虽然外边距区和内填充区不可见，但是它们仍然要占据空间。在计算元素所占空间时，盒子的 4 个部分都需要进行计算。当这些属性被赋值后，会影响盒子的宽度与高度。具体计算方式如下。

（1）盒模型的宽度

盒模型的宽度=margin-left（左外边距）+border-left（左边框）+padding-left（左内边距）+width（内容宽度）+padding-right（右内边距）+border-right（右边框）+margin-right（右外边距）。

（2）盒模型的高度

盒模型的高度=margin-top（上外边距）+border-top（上边框）+padding-top（上内边距）+height（内容高度）+padding-bottom（下内边距）+border-bottom（下边框）+margin-bottom（下外边距）。

以下代码给出了一个 div 元素所占矩形区域的各部分属性值。

```
<style type="text/css">
    div {
        margin: 30px;
        padding: 20px;
        height: 100px;
        width: 100px;
        border: solid 20px #CCFFFF ;
    }
</style>
```

以上 div 元素所占矩形区域的盒模型计算如图 2-8 所示。

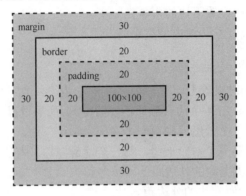

图 2-8   盒模型宽度、高度计算图示

具体计算方法如下：

DIV 的宽度=30px+20px+20px+100px+20px+20px+30px=240px。

DIV 的高度=30px+20px+20px+100px+20px+20px+30px=240px。

2.2.2   盒模型和 display 属性

HTML 元素中可以包含其他元素，这种情况下，父元素的内容区域被作为子元素的容器。子元素通常只能出现在父元素的内容区中，不会突破到内填充区。父元素和子元素的关系如图 2-9 所示。

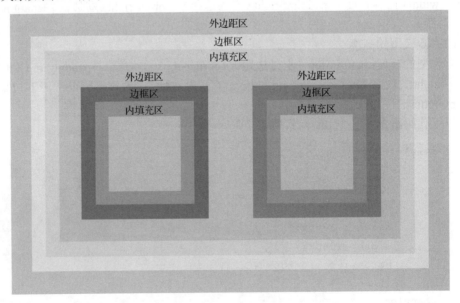

图 2-9   父元素和子元素的关系

HTML 中的元素的盒模型可以分为两种：块元素（block element）和行内元素（inline element）。

1）块元素：块元素是独立的，显示时独占一行，允许通过 CSS 设置宽度、高度，如<p.../>、<div.../>。

2）行内元素：行内元素不会占据一行显示（默认允许一行放置多个元素），即使通过 CSS 设置了宽度和高度也没有效用，如<a.../>、<span.../>。

以下代码演示了两种类型的情况。

```
<style type="text/css">
.block {
    background-color: #6CF;
}
.inline {
    background-color: #F9F;
}
</style>
<body>
    <p class="block">块元素</p>
    <p><strong class="inline">块元素在显示时会独占一行</strong>,常见的块
元素有p、ul、li...</p> <p class="block">行内元素</p>
    <p><a class="inline" href="#">行内元素</a>在一行内显示,常见的行内元素
有strong、a、span...</p>
</body>
```

上述代码在浏览器中的预览效果如图 2-10 所示。

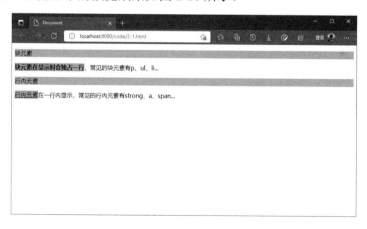

图 2-10　元素的盒模型类型的效果

CSS 为 display 属性提供了 block、inline 两个属性，用于改变 HTML 元素默认的盒

模型。上述 CSS 代码修改为以下代码：

```
<style type="text/css">
    .block {
        background-color: #6CF;
        display: inline;
    }
    .inline {
        background-color: #F9F;
        display: block;
    }
</style>
```

上述代码在浏览器中的预览效果如图 2-11 所示。

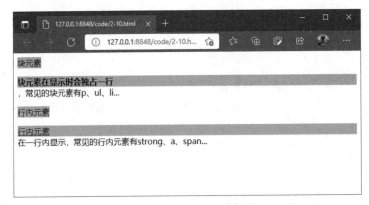

图 2-11　使用 display 属性修改盒模型后的效果

2.2.3　定位相关属性

定位相关属性用于设置元素的位置，包括是否悬浮在页面之上，通过使用悬浮的
元素，可以自由移动页面元素的位置。常用的定位相关属性如下。

1）position：用于设置元素的定位方式。如果设置为 absolute，则元素会悬浮于页
面之上，不需要考虑周围内容的布局；如果设置为 relative，则会保持元素在正常的 HTML
文档流中，元素会参照其前面的元素位置进行定位；如果设置为 static，则元素仅以页
面对象作为参照。

2）z-index：用于设置元素的悬浮层的层序，值越大，层序就越位于上面。此属性
只在 position 的值为 relative 和 absolute 时有效。

3）top：用于设置元素相对于最近一个具有定位设置的父元素的顶边偏移，此属性
只在 position 的值为 relative 和 absolute 时有效。

4）right：用于设置元素相对于最近一个具有定位设置的父元素的右边偏移，此属性只在 position 的值为 relative 和 absolute 时有效。

5）bottom：用于设置元素相对于最近一个具有定位设置的父元素的底边偏移，此属性只在 position 的值为 relative 和 absolute 时有效。

6）left：用于设置元素相对于最近一个具有定位设置的父元素的左边偏移，此属性只在 position 的值为 relative 和 absolute 时有效。

以下代码提供了 5 个 <div.../> 元素，分别用于测试上面的各种属性。

```
<!DOCTYPE html>
<html>
<head>
    <meta charset="UTF-8"/>
    <title>位置相关属性测试</title>
</head>
<body>
神经网络与深度学习<br/>
统计学习方法<br/>
机器学习<br/>
统计自然语言处理<br/>
<div id="layer1" style="position:absolute;
    left:40px; top:20px; width:190px; height:100px;
    z-index:2; background-color: #ccc;">
</div>
<div id="layer2" style="position:relative;
    left:50px; top:10px; width:200px; height:100px;
    z-index:3; background-color: #999;">
</div>
<div style="position:absolute; left:260px; top:80px; width:250px;
    height:200px; border:black solid 1px">
    <div id="layer3" style="position:static; left:100px; top:40px;
        width:80px; height:88px; z-index:1; background-color: #666;">
position:static</div>
    <div id="layer4" style="position:static; left:100px; top:80px;
        width:80px; height:88px; z-index:1; background-color: #999;">
position:static</div>
</div>
</body>
</html>
```

在浏览器中可以看到上述代码的显示效果，如图 2-12 所示。

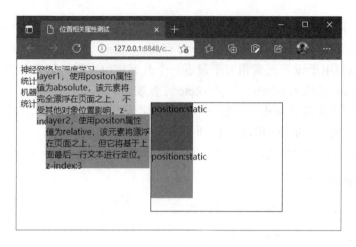

图 2-12　位置相关属性的显示效果

2.3　列　　表

列表是组织数据的基本工具，对于网站设计者而言非常有用。在浏览任何基于 Web 标准建立的网站资源时，大都可以看到一个导航列表、一个外部链接列表，有些还有按钮列表或数组列表。

创建列表的方法有多种，可以在每个列表项后面使用
或将每个列表项定义成一个段落，但这些方法在语义上都不够准确。比较好的方法是使用有序列表或无序列表的元素，也就是使用<li>标签开始每个列表项。

2.3.1　无序列表

无序列表以<ul.../>标签与<li>标签配合使用。以下代码创建了一个无序列表，效果如图 2-13 所示。

```
<ul>
    <li>《尚书今古文注疏》</li>
    <li>《今文尚书考证》</li>
    <li>《尚书孔传参正》</li>
    <li>《诗毛氏传疏》</li>
    <li>《毛诗传笺通释》</li>
    <li>《尔雅义疏》</li>
    <li>《尔雅正义》</li>
</ul>
```

图 2-13　无序列表

默认情况下，列表以小实心圆作为列表项目符号，即使列表所在容器没有 padding，列表距左边框也约有 30px 的距离。可以使用 list-style-type 属性指定一个特定的列表项目符号。以下是常用的几种项目符号。

1）none：去掉项目符号。

2）disc：实心圆项目符号。

3）circle：空心圆项目符号。

4）square：实心方块项目符号。

5）latin：阿拉伯数字项目符号。

6）upper-alpha：A、B、C、D、E 等。

7）lower-alpha：a、b、c、d、e 等。

8）upper-roman：Ⅰ、Ⅱ、Ⅲ、Ⅳ、Ⅴ 等。

2.3.2　有序列表

有序列表以<ol.../>标签与<li>标签配合使用。以下代码创建了一个有序列表，效果如图 2-14 所示。

```
<ol>
    <li>《尚书今古文注疏》</li>
    <li>《今文尚书考证》</li>
    <li>《尚书孔传参正》</li>
    <li>《诗毛氏传疏》</li>
    <li>《毛诗传笺通释》</li>
    <li>《尔雅义疏》</li>
    <li>《尔雅正义》</li>
</ol>
```

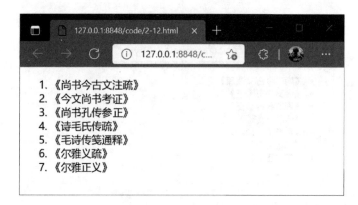

图 2-14　有序列表

2.4　表　格

2.4.1　基本表格与 CSS 修饰

不要在表格元素中包含任何表现信息，应该删除 cellpadding、cellspacing 或 border 属性。使用 CSS 完成这些被删除属性的任务，能够更好地装饰并控制表格的实现效果。

以下是一个没有使用 CSS 修饰表格的示例，效果如图 2-15 所示。

```
<table>
    <tr>
        <th>序号</th>
        <th>著作名称</th>
        <th>作者</th>
    </tr>
    <tr>
        <th>1</th>
        <td>《尚书今古文注疏》</td>
        <td>孙星衍</td>
    </tr>
    <tr>
        <th>2</th>
        <td>《今文尚书考证》</td>
        <td>皮锡瑞</td>
```

```
  </tr>
  <tr></tr>
</table>
```

图 2-15 没有使用 CSS 修饰的表格

为以上表格加入以下的 CSS 样式代码，效果如图 2-16 所示。

```
<style type="text/css">
    table {
        border: 1px solid #333;
        font: normal 12px '宋体';
    }
    td, th {
        padding: 3px;
    }
    th {
        text-align: left;
        color: #FFF;
        background-color: #333;
        border-style: solid;
        border-width: 1px;
        border-color: #CCC #666 #000 #CCC;
    }
    td {
        background-color: #DDDDDD;
        border-style: solid;
        border-width: 1px;
        border-color: #FFF #AAA #666 #FFF;
    }
</style>
```

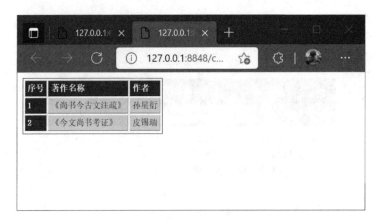

图 2-16　使用 CSS 修饰的表格

2.4.2　border-collapse 属性

　　border-collapse 属性是一个功能强大的工具，可以替代 HTML 中的 cellspacing 属性。这个属性用于减少或删除单元格之间的默认间隔。以下是对 2.4.1 节例子中的基本表格使用包含 border-collapse 属性的代码，效果如图 2-17 所示。

```
<style type="text/css">
    table {
        border: 0;
        border-collapse: collapse;
        font: normal 12px '宋体';
    }
    td, th {
        padding: 3px;
    }
    th {
        text-align: left;
        border-bottom: 1px solid #000;
    }
    td {
        border-bottom: 1px solid #666;
    }
</style>
```

图 2-17　使用 border-collapse 属性修饰的表格

2.5　表　　单

2.5.1　基于表格的表单

　　传统的表单布局方法都会用到表格，事实证明表格比较适用于表单布局，特别对于复杂的表单来说几乎没有其他方法可以替代。

　　以下是一个基于表格的表单布局示例，没有 CSS 修饰的效果如图 2-18 所示。

```
<!DOCTYPE html>
<html>
    <head>
        <meta charset="UTF-8">
    <title></title>
    </head>
<body>
<form action="" method="post" id="enquiryform">
    <fieldset id="">
    <legend>书目表单</legend>
    <table border="1" cellspacing="3" cellpadding="3">
        <tr><td colspan="2">* 代表必须填写的内容。</td></tr>
        <tr>
            <td><label for="subject">书目类别 *</label></td>
            <td><select name="subject" id="subject" tabindex="1">
```

```
            <option value="">请选择</option>
        <option value="opt_01">Option 01</option>
        <option value="opt_02">Option 02</option>
        </select>
         </td>
        </tr>
        <tr>
         <td><label for="name">书目名称 *</label></td>
         <td><input type="text" name="name" id="name" tabindex="2"/>
</td>
        </tr>
        <tr>
         <td><label for="email">Email *</label></td>
         <td><input type="text" name="email" id="" tabindex="3"/>
</td>
        </tr>
        <tr>
         <td colspan="2"><label for="message">书目说明</label></td>
        </tr>
        <tr>
         <td colspan="2"><textarea name="message" id="message" rows=
"11" cols="30" tabindex="4"></textarea>
         </td>
        </tr>
        <tr>
         <td><label for="updates">我愿意接收书目相关信息。</label></td>
         <td><input type="checkbox" name="updates" id="updates" value=
"n" tabindex="5"/></td>
        </tr>
        </table>
       </fieldset>
       <input type="submit" name="" id="" value="发送书目信息"/>
      </form>
      </body>
    </html>
```

图 2-18　基于表格布局的表单（没有 CSS 修饰）

以下是修饰图 2-18 中表格的完整 CSS 文件，修饰后的效果如图 2-19 所示。

```
table {
    border: 0;
    border-collapse: collapse;
    font: normal 12px '宋体';
}
td, tr {
    padding: 6px;
}
tr {
    background: #DDDDDD;
}
td {
    border-bottom: 1px solid #666;
}
form {
    margin: 0;
    padding: 0;
}
fieldset {
    margin: 0 0 10px 0;
    padding: 5px;
```

```
    border: 1px solid #333;
}
legend {
    background: #DDDDDD;
    margin: 0;
    padding: 5px;
    border-style: solid;
    border-width: 1px;
    border-color: #FFF #AAA #666 #FFF;
}
label {
    font-weight: bold;
}
#subject {
    width: 100%;
}
#message {
    width: 97%;
}
input, textarea {
    border: 3px double #333;
}
```

图 2-19　基于表格布局的表单（有 CSS 修饰）

2.5.2　基于段落和换行元素布局的表单

在这种方法中，每个标签和输入域都包含在自己的段落元素中，使用换行标签来保证在段落内部实现更好的控制。以下是一个基于段落和换行元素布局的表单示例，没有 CSS 修饰的效果如图 2-20 所示。

```html
<form action="" method="post" id="enquiryform">
    <fieldset id="">
    <legend>书目表单</legend>
    <p>* 代表必须填写的内容。<br/></p>
    <p>
      <label for="subject">书目类别 *</label><br/>
      <select name="subject" id="subject" tabindex="1">
        <option value="">请选择</option>
        <option value="opt_01">Option 01</option>
        <option value="opt_02">Option 02</option>
      </select>
    </p>
    <p>
      <label for="name">书目名称 *</label><br/>
      <input type="text" name="name" id="name" tabindex="2"/>
    </p>
    <p>
      <label for="email">Email *</label><br/>
      <input type="text" name="email" id="email" tabindex="3"/>
    </p>
    <p>
      <label for="message">书目说明</label><br/>
    </p>
    <p>
      <textarea name="message" id="message" rows="11" cols="30"
tabindex="4"></textarea>
    </p>
    <p>
      <label for="updates">我愿意接收书目相关信息。</label><br />
      <input type="checkbox" name="updates" id="updates" value="n"
tabindex="5"/>
    </p>
    </fieldset>
    <input type="submit" name="" id="" value="发送书目信息" />
</form>
```

图 2-20　基于段落和换行元素布局的表单（没有 CSS 修饰）

以下是修饰图 2-20 中表单的完整 CSS 文件，修饰后的效果如图 2-21 所示。

```
form {
    margin: 0;
    padding: 0;
}
fieldset {
    font: normal 12px '宋体';
    margin: 0 0 10px 0;
    padding: 5px;
    border: 1px solid #333;
}
fieldset p {
    margin: 3px 0 2px 0;
    padding: 5px;
    boder: 1px solid #666;
    background: #DDDDDD;
}
legend {
    background: #DDDDDD;
    margin: 0;
```

```
    padding: 5px;
    border-style: solid;
    border-width: 1px;
    border-color: #FFF #AAA #666 #FFF;
}
label {
    font-weight: bold;
}
#subject {
    width: 100%;
}
#message {
    width: 97%;
}
input, textarea {
    border: 3px double #333;
}
select {
    margin: 5px 0 5px 0;
}
```

图 2-21　基于段落和换行元素布局的表单（有 CSS 修饰）

2.5.3 基于自定义列表布局的表单

第 1 章中讲到的自定义列表也可以用来对表单进行布局。以下是一个自定义列表布局的表单示例，没有 CSS 修饰的效果如图 2-22 所示。

```html
<form action="" method="post" id="enquiryform">
 <fieldset id="">
   <legend>书目表单</legend>
   <p>* 代表必须填写的内容。</p>
   <dl>
     <dt><label for="subject">书目类别 *</label></dt>
     <dd><select name="subject" id="subject" tabindex="1">
       <option value="">请选择</option>
       <option value="opt_01">Option 01</option>
       <option value="opt_02">Option 02</option>
         </select>
     </dd>
     <dt><label for="name">书目名称 *</label></dt>
     <dd><input type="text" name="name" id="name" tabindex="2"/>
</dd>
     <dt><label for="email">Email *</label></dt>
     <dd><input type="text" name="email" id="email" tabindex="3"/>
</dd>
     <dt><label for="message">书目说明</label></dt>
     <dd><textarea name="message" id="message" rows="11" cols="30"
tabindex="4"></textarea></dd>
     <dt><label for="updates">我愿意接收书目相关信息。</label></dt>
     <dd><input type="checkbox" name="updates" id="updates" value="n"
tabindex="5"/></dd>
   </dl>
   </fieldset>
   <input type="submit" name="" id="" value="发送书目信息"/>
 </form>
```

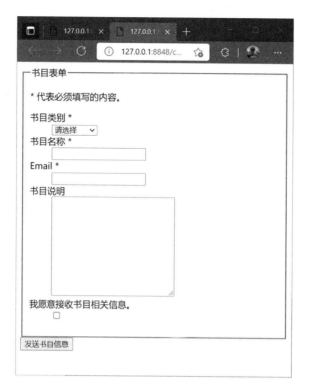

图 2-22　基于自定义列表布局的表单（没有 CSS 修饰）

以下是修饰图 2-22 中表单的完整 CSS 文件，修饰后的效果如图 2-23 所示。

```css
fieldset dl {
    padding-bottom: 15px;
    border: 1px solid #666;
    background: #DDDDDD;
}
fieldset dt {
    float: left;
    width: 150px;
    padding: 5px;
}
fieldset dd {
    width: 450px;
    margin: 0;
    padding: 5px;
```

```
    }
    form {
        margin: 0;
        padding: 0;
    }
    fieldset {
        font: normal 12px '宋体';
        margin: 0 0 10px 0;
        padding: 5px;
        border: 1px solid #333;
    }
    fieldset p {
        padding: 5px;
        boder: 1px solid #666;
        background: #DDDDDD;
    }
    legend {
        background: #DDDDDD;
        margin: 0;
        padding: 5px;
        border-style: solid;
        border-width: 1px;
        border-color: #FFF #AAA #666 #FFF;
        font-weight: bold;
    }
    label {
        font-weight: bold;
    }
     #subject {
        width: 100%;
    }
    #name, #email, #message {
        width: 97%;
    }
    input, textarea {
        border: 3px double #333;
    }
```

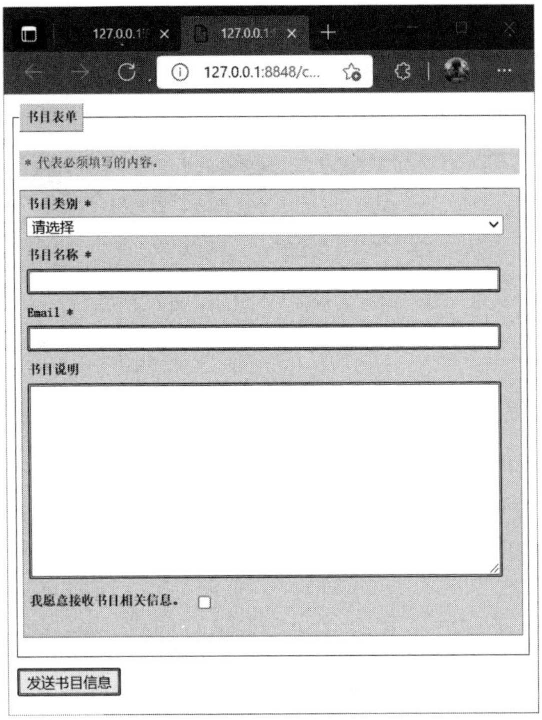

图 2-23　基于自定义列表布局的表单（有 CSS 修饰）

●●●●●● 本 章 小 结 ●●●●●●

　　本章主要介绍了使用 CSS 进行网页布局设计的原理和方法、列表和表格的显示样式设定，给出了使用 CSS 设定表单的 3 个示例。这些内容对后续使用 Java Web 进行开发提供了有效的前端处理方法。

习　　题

1．display 属性有哪些值？请说明它们的作用。
2．position 属性有哪些值？请说明它们的作用。
3．参照表单（2.5 节）的内容，为第 1 章习题中的第 6 题添加表单修饰。

JavaScript 基础

📚 学习目标

➢ 了解 JavaScript 语言的概况。
➢ 掌握 JavaScript 的数据类型和变量。
➢ 掌握 JavaScript 的表单应用方法。

3.1 JavaScript 语言概述

在实际开发中，JavaScript 无论是在前端开发中还是后端开发中都能够独当一面，提供成熟和高性能的解决方案。各类团队也会有自己的一套或几套 JavaScript 底层库，根据不同的业务还可能发展自己的用户界面（user interface，UI）库。

然而，对于初学者来说仍然应该掌握 JavaScript 的基础知识，如本章介绍的数据类型和变量，能够编写基本的 JavaScript 代码处理表单。这些内容也是进行 Java Web 开发必不可少的基本技能。

3.1.1 JavaScript 的特点

JavaScript 是一种脚本语言，从 LiveScript 改名而来，但与 Java 并不相关。JavaScript 是一种基于客户端浏览器的，基于对象、事件驱动式的脚本语言。JavaScript 也具有跨平台的特点。如同所有的脚本语言，JavaScript 是动态解释执行的。

在没有 JavaScript 之前，互联网页面都是静态内容，Netscape 公司为了丰富互联网功能，在 Navigator 浏览器中扩展了 JavaScript 支持，使网页可以拥有丰富多彩的动画和用户交互。目前，JavaScript 依然是各种浏览器上可以运行的主要脚本语言。JavaScript 在浏览器端的主要功能有：动态修改 HTML 页面内容，包括创建、删除 HTML 页面元素，修改 HTML 页面元素的内容、外观、位置、大小等。

HTML5 的出现更是突出了 JavaScript 的重要性，如 HTML5 的绘图支持，页面上的绘图完全是由 JavaScript 完成的。不仅如此，下面介绍的 HTML5 新增的本地存储、离线应用、客户端通信等功能，更是大量使用了 JavaScript 编程。

JavaScript 的主要特点如下。

1．脚本编写语言

JavaScript 是一种脚本语言，它采用小程序段的方式实现编程。同其他脚本语言一样，JavaScript 同样是一种解释性语言，它提供了一个简单易懂的开发过程。它的基本结构形式与 C、C++、Visual Basic、Delphi 十分类似。但它不像这些语言，需要先编译，而是在程序运行过程中被逐行地解释。它与 HTML 标识结合在一起，从而方便用户的使用操作。

2．基于对象的语言

JavaScript 是一种基于对象的语言，这意味着它能运用自己已经创建的对象。因此，通过与脚本环境中对象的方法交互，JavaScript 可以实现许多复杂的功能。

3．简单性

JavaScript 的简单性主要体现在：首先它是一种基于 Java 基本语句和控制流之上的简单而紧凑的设计，对于学习 Java 是一种非常好的过渡；其次它的变量类型采用的是弱类型，并未使用严格的数据类型。

4．安全性

JavaScript 是一种安全性语言，它不允许访问本地的硬盘，不能将数据存入服务器，不允许对网络文档进行修改和删除，只能通过浏览器实现信息浏览或动态交互，从而有效地防止数据的丢失。

5．动态性

JavaScript 是动态的，它可以直接对用户或客户输入进行响应，无须经过 Web 服务程序。它对用户的反映响应，是采用以事件驱动的方式进行的。所谓事件驱动，是指在主页中执行了某种操作所产生的动作，如按下鼠标左键、移动窗口、选择菜单等都可以视为事件。事件发生后，可能会引起相应的事件响应。

6．跨平台性

JavaScript 依赖于浏览器，与操作环境无关，只要是能运行浏览器的计算机，并支持 JavaScript 的浏览器就可以正确执行。实际上，JavaScript 最杰出之处在于可以用很小的程序做大量的事。无须高性能的计算机，仅需一个字处理软件及一个浏览器，无须 Web 服务器通道，计算机即可完成所有的事情。

3.1.2 JavaScript 和 Java 的区别

虽然 JavaScript 与 Java 有紧密的联系，但它们是两个公司开发的不同的两个产品。Java 是 Sun 公司（已被甲骨文公司收购）推出的新一代面向对象的程序设计语言，特别适用于 Internet 应用程序开发；而 JavaScript 是 Netscape 公司的产品，是为了扩展 Netscape Navigator 功能而开发的一种可以嵌入 Web 页面中的基于对象和事件驱动的解释型语言，它的前身是 LiveScript，而 Java 的前身是 Oak 语言。下面对两种语言之间的异同进行如下比较。

1）Java 是面向对象的程序设计语言，即使是开发简单的程序，也必须从类定义开始；JavaScript 是基于对象的，本身提供了非常丰富的内部对象供设计人员使用。Java 语言的最小程序单位是类定义，而 JavaScript 中充斥着大量函数。

2）两种语言的执行方式完全不一样。Java 语言必须先经过编译，生成字节码，然后由 Java 虚拟机运行这些字节码；JavaScript 是一种脚本语言，在浏览器端其源代码无须经过编译，由浏览器解释执行。

3）两种语言的变量声明也不一样。Java 是强类型变量语言，所有的变量必须先经过声明才可以使用，所有的变量都有其固定的数据类型；JavaScript 是弱类型变量语言，其变量在使用前无须声明，由解释器在运行时检查其数据类型。

4）代码格式不一样。Java 的代码采用一种与 HTML 无关的格式，必须像 HTML 中引用外媒体那样进行装载，其代码以字节代码的形式保存在独立的文档中；JavaScript 的代码采用一种文本字符格式，可以直接嵌入 HTML 文档中，并且可以动态装载，编写 HTML 文档就像编辑文本文件一样方便。

3.1.3 编写 JavaScript 程序

下面是一个 JavaScript 程序的示例。

```
<!DOCTYPE html>
<html>
<head>
    <meta charset="UTF-8">
    <title>JavaScript 演示 01</title>
    <script type="text/javascript">
        alert("欢迎你进入 JavaScript 世界!");
    </script>
</head>
<body>
</body>
</html>
```

上述程序在 Microsoft Edge 中运行后的结果如图 3-1 所示。

图 3-1　程序运行的结果

在 HTML 文档中直接运行 JavaScript 代码的方式有以下两种。

1）使用 "JavaScript:" 前缀来包含 JavaScript 代码的 URL。

2）使用<script.../>元素包含 JavaScript 代码。

例如，下面的代码片段，第一段 JavaScript 代码需要通过单击超链接触发执行，第二段 JavaScript 代码在页面载入时会自动执行。

```html
<!DOCTYPE html>
<html>
<head>
    <meta charset="UTF-8" />
    <title> 直接运行的 JavaScript </title>
</head>
<body>
    <a href="javascript:alert('运行 JavaScript!');">运行 JavaScript</a>
    <script type="text/javascript">
        alert("直接运行的 JavaScript! ");
    </script>
</body>
</html>
```

3.1.4　导入 JavaScript 文件

为了让 HTML 页面内容和 JavaScript 脚本分离，可以将 JavaScript 脚本单独保存在一个扩展名为.js 的文件中，HTML 页面只要导入.js 文件即可。在 HTML 文件中导入.js 文件的语法格式如下：

```
<script type="text/javascript" src="js 文件 URL 的相对路径或绝对路径">
</script>
```

使用\<script.../\>元素可以指定以下属性。

1）type：指定元素内包含的脚本语言的类型，通常是 text/javascript。对于 JavaScript 脚本，此属性可以省略。

2）src：指定外部脚本文件的 URL。指定该属性后，只能从外部引入.js 文件，而不能直接嵌入 JavaScript 脚本。

3）charset：指定外部脚本文件使用的字符集。此属性只能和 src 属性一同使用。

4）defer：HTML5 新增属性，用于指定脚本是否延迟执行。

5）async：HTML5 新增属性，用于指定脚本是否异步执行。

\<noscript.../\>元素用来向不支持 JavaScript 或禁用了 JavaScript 的浏览器显示提示信息。示例代码如下：

```
<!DOCTYPE html>
<html>
<head>
    <meta charset="UTF-8">
    <title> noscript </title>
</head>
<body>
    <noscript>
        <h1>必须支持 JavaScript</h1>
        <p>必须使用支持 JavaScript 的浏览器,并打开浏览器的 JavaScript 功能
</p>
    </noscript>
</body>
</html>
```

浏览器禁用 JavaScript 之后，浏览其中的网页，效果如图 3-2 所示。

图 3-2　noscript 元素的功能

3.2　变量和数据类型

JavaScript 是一种弱类型程序设计语言，支持变量声明，有局部变量和全局变量之分。

3.2.1　变量

JavaScript 在使用变量前，可以不事先进行定义声明，而在使用时直接赋值。JavaScript 支持两种方式引入变量。

1）隐式定义：使用时直接为变量赋值。

2）显式定义：使用 var 关键字定义变量。

JavaScript 是弱类型语言，变量没有固定的数据类型，可以为同一变量赋予不同数据类型的值。在使用 var 关键字定义变量时，不需要指定变量的数据类型，可以只声明不赋值。当变量第一次被赋值时，它的数据类型才确定下来。之后，变量的数据类型根据所赋值的类型发生变化。JavaScript 变量区分大小写，变量"name"和"Name"是不同的两个变量。

3.2.2　变量的作用域

变量有一个重要概念，即作用域。根据变量定义的范围不同，变量有局部变量和全局变量之分。在全局范围（不在函数内）定义的变量（不管是否使用 var 定义）、没有使用 var 定义的变量都是全局变量，全局变量可以被所有的脚本访问；在函数内部定义的变量称为局部变量，只在函数内有效。

以下代码给出了变量作用域的示范。

```
<script type="text/javascript">
    var test="全局变量";    //定义全局变量test
    //定义函数myFun
    function myFun()
    {
        age=20;            //函数内不使用var定义的age也是全局变量
        var isMale=true;   //函数内使用var定义的isMale是局部变量
    }
    myFun();
    alert(test+"\n"+age);
    alert(isMale);
</script>
```

与 Java、C 等语言不同，JavaScript 的变量没有块范围（某段代码块内有效）。当局部变量和全局变量同名时，局部变量在自己的作用域内会覆盖全局变量。

3.2.3 使用 const 定义常量

const 是一个新增的关键字，JavaScript 允许使用它定义常量。与 var、let 不同的是，使用 const 定义的常量只能在定义时指定初始值，而且必须指定初始值。使用 const 声明的常量在以后不能被改变值。

3.2.4 数据类型

JavaScript 中有 5 种简单的数据类型（也称基本数据类型）：Undefined、Null、Boolean、Number 和 String。还有一种复杂数据类型——Object，Object 本质上是由一组无序的名值对组成的。

1. typeof 操作符

由于 JavaScript 是松散类型的，因此需要有一种手段来检测给定变量的数据类型，typeof 就是负责提供这方面信息的操作符。对一个值使用 typeof 操作符可能返回下列某个字符串。

1）undefined——如果这个值未定义。
2）boolean——如果这个值是布尔值。
3）string——如果这个值是字符串。
4）number——如果这个值是数值。
5）object——如果这个值是对象或 null。
6）function——如果这个值是函数。

2. Undefined 类型

Undefined 类型只有一个值，即特殊的 undefined。在使用 var 声明变量但未对其初始化时，这个变量的值就是 undefined，例如：

```
var message;
alert(message==undefined);  //true
```

3. Null 类型

Null 类型是第二个只有一个值的数据类型，这个特殊的值是 null。从逻辑上看，null 值表示一个空对象指针，而这也正是使用 typeof 操作符检测 null 值时会返回 object 的原因，例如：

```
var message=null;
alert(typeof message);   //"object"
```

如果定义的变量在将来用于保存对象，那么最好将该变量初始化为 null。

4. Boolean 类型

Boolean 只有两个字面值：true 和 false。这两个值和数字是不一样的，因此 true 不一定等于 1，而 false 也不一定等于 0。以下是为变量赋值为 Boolean 类型的示例。

```
var found=true;
var lost=false;
```

要注意，Boolean 类型的字面值 true 和 false 是区分大小写的。也就是说，True 和 False（及其他的混合大小写形式）都不是 Boolean 值，只是标识符。

可以对任何数据类型的值调用 Boolean( )函数，而且总会返回一个 Boolean 值。至于返回的这个值是 true 还是 false，取决于转换值的数据类型及其实际值。表 3-1 给出了各种数据类型及其对应的转换规则。

表 3-1　数据类型及其对应的转换规则

数据类型	转换为 true 的值	转换为 false 的值
Boolean	true	false
String	任何非空字符串	""（空字符串）
Number	任何非零数字（包括无穷大）	0 和 NaN
Object	任何对象	null
Undefined	—	undefined

5. Number 类型

Number 类型用来表示整数和浮点数，其最基本的数值格式是十进制整数，十进制整数可以在代码中直接输入。例如：

```
var intNum=55;
```

除十进制数外，整数还可以通过八进制和十六进制来表示。八进制数的第一位必须是 0，然后是八进制数字序列（0～7）。如果数字序列中的值超过了范围，那么前导 0 将被忽略，后面的数值被当作十进制数解析。十六进制数的前两位必须是 0x，后面是十六进制数字序列（0～9 及 A～F）。其中，A～F 可以是大写也可以是小写。在进行算术运算时，所有八进制数和十六进制数最终都将被转换为十进制数。

所谓浮点数，就是该数值中必须包含一个小数点，并且小数点后面必须至少有一位数字。由于保存浮点数需要的内存空间是保存整数需要的内存空间的 2 倍，JavaScript 会不失时机地将浮点数转换为整数。如果小数点后面没有数字，或者浮点数本身就表示一个整数（1.0），那么都将被转换为整数。对于极大和极小的数值，则可以使用科学记数法的浮点数表示。

由于内存的限制，因此 JavaScript 并不能保存世界上所有的数值。JavaScript 所能表示的最小数值保存在 Number.MIN_VALUE 中，在大多数浏览器中，这个值是 5e-324；能够表示的最大数值保存在 Number.MAX_VALUE 中，在大多数浏览器中，这个值是 1.7976931348623157e+308。如果某次计算超过了这两个值，负数会被转换为-Infinity（负无穷），而正数则会被转换为 Infinity（正无穷）。

NaN，即非数值（not a number），是一个特殊的数值，这个值用来表示一个本来要返回数值的操作数未返回数值的情况（这样就不会抛出错误了）。

6. String 类型

String 类型用来表示由零个或多个 16 位的 Unicode 字符组成的字符序列，即字符串。字符串可以由双引号（"）或单引号（'）表示，两者表示的字符串完全相同。

7. Object 类型

JavaScript 中的对象其实就是一组数据和功能的集合。对象可以通过 new 操作符后跟要创建的对象类型的名称来创建，代码如下：

```
var o=new Object();
```

3.3　DOM 基础

将 XML 定义为一种语言之后，就出现了使用常见的编程语言来同时表现和处理 XML 代码的需求。

文档对象模型（document object model，DOM）是针对 XML 的基于树的 API。它关注的不仅仅是解析 XML 代码，而是使用一些互相关联的对象来表示这些代码，而这些对象可以被修改且无须重新解析代码就能直接访问它们。DOM 是与语言无关的 API，这意味着它的实现并不和 Java、JavaScript 或其他语言绑定。

使用 DOM，只需要解析代码一次来创建一个树的模型。在这个初始解析过程结束后，XML 已经完全通过 DOM 模型表现出来，同时也不再需要原始的代码了。由于使用上的简便，DOM 成为 Web 浏览器和 JavaScript 最喜欢的方法。

3.3.1　节点的层次

基于树的 API 到底是什么呢？当谈论 DOM 树时，实际上谈论的是节点（node）层次。DOM 定义了 Node 的接口及多种节点来表示 XML 节点的多个方面，如下。

1）Document：最顶层节点，所有的其他节点都是附属于它的。

2）DocumentType：文档类型定义（document type definition，DTD）引用的对象表现形式。它不能包含子节点。

3）DocumentFragment：可以像 Document 一样保存其他节点。

4）Element：表示起始标签和结束标签之间的内容，如<tag></tag>或<tag/>。这是唯一可以同时包含特性和子节点的节点类型。

5）Attr：代表一对特性名和特性值。这个节点类型不能包含子节点。

6）Text：代表 XML 文档中在起始标签和结束标签之间，或者 CData Section 中包含的普通文本。这个节点类型不能包含子节点。

7）CDataSection：<![CDATA[]]>的对象表现形式。这个节点仅能包含文本节点 Text 作为子节点。

8）Entity：表示在 DTD 中的一个实体定义，如<!ENTITY foo "foo">。这个节点类型不能包含子节点。

9）EntityReference：代表一个实体引用，如"。这个节点类型不能包含子节点。

10）ProcessingInstruction：代表一个 PI。这个节点类型不能包含子节点。

11）Comment：代表 XML 注释。这个节点类型不能包含子节点。

12）Notation：代表在 DTD 中定义的记号。

一个文档是由任意数量的节点组成的，如以下 XML 文档。

```xml
<?xml version="1.0"?>
<employees>
<!-- only employee -->
<employee>
    <name>Michael Smith</name>
    <positon>Software Engineer</position>
    <comments>
        <![CDATA [
            His birthday is on 8/14/68.
        ]]>
    </comments>
<employee>""
</employees>
```

以上文档的 DOM 结构如图 3-3 所示。每个矩形代表在 DOM 文档树中的一个节点，粗体文本表示节点的类型，非粗体的文本代表该节点的内容。

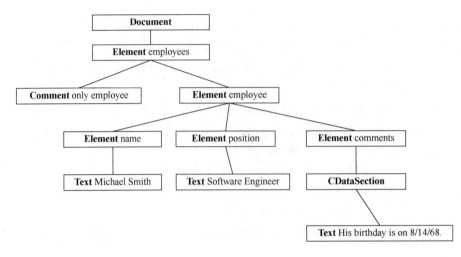

图 3-3　DOM 结构

3.3.2 特定语言的 DOM

任何基于 XML 的语言，如 HTML，因为从技术上说还是 XML，所以仍然可以利用刚刚介绍的核心 DOM。然而，很多语言会继续定义它们自己的 DOM 来扩展 XML 核心，以提供语言的特色功能。

在开发 XML DOM 的同时，W3C 还一起开发了一种特别针对 XHTML（及 HTML）的 DOM。这个 DOM 定义了一个 HTMLDocument 和一个 HTMLElement 作为这种实现的基础。每个 HTML 元素通过它自己的 HTMLElement 类型来表示，如 HTMLDivElement 代表了 <div>，但有少数元素除外，它们只包含 HTMLElement 提供的属性和方法。

普通 HTML 并不是合法的 XML。然而，大部分当前的 Web 浏览器可以将 HTML 文档解析为合适的 DOM 文档（即使没有 XML 序言）。

3.3.3 动态脚本

使用 <script> 元素可以向页面中插入 JavaScript 代码，一种方式是通过其 src 属性包含外部文件，另一种方式就是使用这个元素本身来包含代码。这里所说的动态脚本，指的是在页面加载时不存在，但将来的某一时刻通过修改 DOM 动态添加的脚本。和操作 HTML 元素一样，创建动态脚本也有两种方式：插入外部文件和直接插入 JavaScript 代码。

动态加载的外部 JavaScript 文件能够立即运行，代码如下。

```
<script type="text/javascript">
    var script=document.createElement("script");
    script.type="text/javascript";
```

```
    script.src="client.js";
    document.body.appendChild(script);
</script>
```

上述代码如实反映了相应的 HTML 代码，引入了外部的 JavaScript 文件 "client.js"。但是，在执行最后一行代码将<script>元素添加到页面中之前，是不会下载外部文件的。也可以将这个元素添加到<head>元素中，效果是一样的。这部分代码可以封装成函数，然后通过调用函数实现相同的功能，代码如下。

```
<script type="text/javascript">
    function loadScript(url) {
        var script=document.createElement("script");
        script.type="text/javascript";
        script.src=url;
        document.body.appendChild(script);
    }

    loadScript("client.js");
</script>
```

另一种方式是指使用 JavaScript 代码的行内方式。如果要动态加入以下代码：

```
function sayHi() {
    alert("Hi");
}
```

则可以使用以下代码实现行内插入的方式。

```
var code="function sayHi() {alert(''Hi'');}";

function loadScriptString(code) {
    var script=document.createElement("script");
    script.type="text/javascript";
    try {
        script.appendChild(document.createTextNode(code));
    } catch(ex) {
        script.text=code;
    }
    document.body.appendChild(script);
}

loadScriptString(code);
```

3.3.4 动态样式

能够把 CSS 样式包含到 HTML 页面中的元素有两个。其中，<link>元素用于包含来自外部的文件，而<style>元素用于指定嵌入的样式。与动态脚本类似，动态样式是指在页面刚加载时不存在的样式，是在页面加载完后动态添加到页面中的。

需要注意的是，必须将<link>元素添加到<head>元素，而不是<body>元素，这样才能保证在所有的浏览器中的行为一致。整个过程可以使用以下函数来表示。

```
function loadStyles(url) {
    var link=document.createElement("link");
    link.rel="stylesheet";
    link.type="text/css";
    link.href=url;
    var head=document.getElementsByTagName("head")[0];
    head.appendChild(link);
}
loadScript("styles.css");
```

同样，也可以使用以下代码来表示。

```
function loadStyleString(css) {
    var style=document.createElement("style");
    style.type="text/css";
    try{
        style.appendChild(document.createTextNode(css));
    }catch(e){
        style.styleSheet.cssText=css;
    }
    var head=document.getElementsByTagName("head")[0];
    head.appendChild(style);
}

loadScriptString("body{background-color:red}");
```

3.3.5 操作表格

<table>元素是 HTML 中复杂的结构之一。要想创建表格，一般必须设计表示表格行、单元格、表头等方面的标签。由于涉及的标签较多，使用核心 DOM 方法创建和修改表格往往不能避免编写大量的代码。假设要使用 DOM 来创建以下 HTML 表格。

```
<table border="1" width="100%">
    <tbody>
        <tr>
            <td>单元格 1,1</td>
            <td>单元格 2,1</td>
        </tr>
        <tr>
            <td>单元格 1,2</td>
            <td>单元格 2,2</td>
        </tr>
    </tbody>
</table>
```

为了方便构建表格，HTML DOM 为<table>、<tbody>和<tr>元素添加了一些属性和方法。

为<table>元素添加的属性和方法如下。

1）caption：保存着<caption>元素（如果有）的指针。

2）tBodies：是一个<tbody>元素的 HTMLCollection。

3）tFoot：保存着<tfoot>元素（如果有）的指针。

4）tHead：保存着<thead>元素（如果有）的指针。

5）rows：是一个表格中所有行的 HTMLCollections。

6）createTHead( )：创建<thead>元素，将其放到表格中，返回引用。

7）createTFoot( )：创建<tfoot>元素，将其放到表格中，返回引用。

8）createCaption( )：创建<caption>元素，将其放到表格中，返回引用。

9）deleteTHead( )：删除<thead>元素。

10）deleteTFoot( )：删除<tfoot>元素。

11）deleteCaption( )：删除<caption>元素。

12）deleteRow(pos)：删除指定位置的行。

13）insertRow(pos)：向 rows 集合中的指定位置插入一行。

为<tbody>元素添加的属性和方法如下。

1）rows：保存着<tbody>元素中行的 HTMLCollection。

2）deleteRow(pos)：删除指定位置的行。

3）insertRow(pos)：向 rows 集合中的指定位置插入一行，返回对新插入行的引用。

为<tr>元素添加的属性和方法如下。

1）cells：保存着<tr>元素中单元格的 HTMLCollection。

2）deleteCell(pos)：删除指定位置的单元格。

3）insertCell(pos)：向 cells 集合中的指定位置插入一个单元格，返回对新插入单元格的引用。

只使用以上属性和方法可以实现上面的表格操作，代码如下。

```javascript
<script type="text/javascript">
    var table=document.createElement("table");
    table.border=1;
    table.witdh="100%";

    var tbody=document.createElement("tbody");
    table.appendChild(tbody);

    tbody.insertRow(0);
    tbody.rows[0].insertCell(0);
    tbody.rows[0].cells[0].appendChild(document.createTextNode("单元
格1,1"));
    tbody.rows[0].insertCell(1);
    tbody.rows[0].cells[1].appendChild(document.createTextNode("单元
格2,1"));

    tbody.insertRow(1);
    tbody.rows[1].insertCell(0);
    tbody.rows[1].cells[0].appendChild(document.createTextNode("单元
格1,2"));
    tbody.rows[1].insertCell(1);
    tbody.rows[1].cells[1].appendChild(document.createTextNode("单元
格2,2"));

    document.body.appendChild(table);
</script>
```

3.3.6 使用 NodeList

理解 NodeList、NamedNodeMap 和 HTMLCollection 是从整体上透彻理解 DOM 的关键所在。这 3 个集合都是"动态的"；换句话说，每当文档结构发生变化时，它们都会得到更新。因此，它们始终都会保存着最新、最准确的信息。从本质上讲，所有 NodeList 对象都是在访问 DOM 文档时运行的查询。

一般来说，应该尽量减少访问 NodeList 的次数。因为每次访问 NodeList，都会运行一次基于文档的查询。所以，可以考虑从 NodeList 中取得值后进行缓存处理。

3.4 表 单 脚 本

JavaScript 最初的一个应用，就是分担服务器处理表单的责任，打破处处依赖服务器的局面。尽管目前的 Web 和 JavaScript 已经有了长足的发展，但 Web 表单的变化并不明显。开发人员不仅会在验证表单时使用 JavaScript，还增强了一些标准表单控件的默认行为。

在 HTML 中，表单是由<form.../>元素来表示的。在 JavaScript 中，表单是 HTMLFormElement 类型，它具有以下独有的属性和方法。

1）acceptCharset：服务器能够处理的字符集，等价于 HTML 中的 accept-charset 属性。

2）action：接收请求的 URL，等价于 HTML 中的 action 属性。

3）elements：表单中所有控件的集合。

4）enctype：请求的编码类型，等价于 HTML 中的 enctype 属性。

5）length：返回表单中元素的数目。

6）method：要发送的 HTTP 请求类型，通常是 get 或 post 方法，等价于 HTML 中的 method 属性。

7）name：表单的名称，等价于 HTML 中的 name 属性。

8）reset( )：将所有表单域重置为默认值。

9）submit( )：提交表单。

10）target：用于发送请求和接收响应的窗口名称，等价于 HTML 中的 target 属性。

所有表单字段（除了隐藏字段）都包含同样的特性、方法和事件，具体如下。

1）disabled：可以用来获取或设置表单控件是否被禁用。被禁用的控件不允许用户输入，如果控件被禁用也会在外观上反映出来。

2）form：用来指向字段所在的表单。

3）blur( )：该方法使表单字段失去焦点，当失去焦点时，发生 blur 事件，执行 onblur 事件处理函数。

4）focus( )：该方法使表单字段获取焦点，当获取焦点时，发生 focus 事件，执行 onfocus 事件处理函数。

3.4.1 获取表单的引用

对表单进行编程前，必须先获取<form.../>元素的引用，有多种方法可以用来完成这一操作。首先，可以使用典型的 DOM 树中定位元素的方法 getElementById( )来获取<form.../>元素的引用，只需要传入表单的 ID 即可，代码如下。

```
var oForm=document.getElementById("form1");
```

另外，还可以使用 document 的 form 集合，并通过表单在 form 集合中的位置或表单的 name 特性来进行引用，代码如下。

```
var oForm=document.forms[0];              //获取第一个 form 表单
var otherForm=document.forms["formZ"];    //获取名称为"formZ"的表单
```

3.4.2 访问表单字段

每个表单字段，不论它是按钮、文本框或是其他的内容，均包含在表单的 elements 集合中。可以使用它们的 name 特性或是它们在集合中的位置来访问不同的字段。示例代码如下。

```
var oFirstField=oForm.elements[0];
var oTextBox1=oForm.elements["textbox1"];
```

当然，也可以使用 document.getElementById( )和表单字段的 ID 来获取这个元素。

3.4.3 聚焦于第一个字段

当页面上显示了一个表单后，通常焦点并不在第一个控件上。只需要一个通常的脚本就可以改变这种情况，而且可以用在任何表单页面上。一般情况下可以将下面的代码放入 onload 事件处理函数中，用来解决上述问题。

```
document.form[0].elements[0].focus();
```

在大部分情况下，以上代码都可以正常工作。但是如果表单的某个元素是隐藏字段，这个字段是不支持 focus( )方法的。在这种情况下，JavaScript 会出现错误。这里关键的问题是需要将焦点设置到第一个可见的表单字段上。以下代码可以解决这个问题。

```
FormUtil.focusOnFirst=function() {
    if(document.forms.length>0) {
        for(var i=0; i<document.forms[0].length; i++) {
            var oField=document.forms[0].elements[i];
            if(oField.type!="hidden") {
                oField.focus();
            }
        }
    }
}
```

这个方法可以在 onload 事件处理函数中调用，代码如下。

```
<body onload="FormUtil.focusOnFirst()">...</body>
```

3.4.4 提交表单

用户单击提交按钮或图像按钮时，就会提交表单。使用<input>或<button>都可以定义提交按钮，只要将其 type 特性的值设置为"submit"即可，而图像按钮则是通过将<input>的 type 特性值设置为"image"来定义的。只要单击以下代码生成的按钮，就可以提交表单。

```
<!--通用提交按钮-->
<input type="submit" value="Submit Form">
<!--自定义提交按钮-->
<button type="submit">Submit Form</button>
<!--图像按钮-->
<input type="image" src="graphic.gif">
```

以这种方式提交表单时，浏览器会在将请求发送给服务器之前触发 submit 事件。可以在此验证表单数据，并决定是否提交表单。在 JavaScript 中，以编程方式调用 submit( )方法也可以提交表单，代码如下。

```
var form=document.getElementById("myForm");
form.submit();    //提交表单
```

在以 submit( )方法提交表单时，不会触发 submit 事件，因此需要在调用此方法之前先验证表单。提交表单时可能出现的最大问题就是重复提交表单。解决这个问题的方法是，在第一次提交表单后就禁用按钮，或者利用 submit 事件处理程序取消后续的表单提交操作。禁用按钮的代码如下。

```
<input type="button" value="Submit" onclick="this.disabled=true; this.form.submit()"/>
```

3.4.5 重置表单

用户单击重置按钮时，表单会被重置。使用 type 特性值为"reset"的<input>或<button>都可以创建重置按钮，代码如下。

```
<!-- 通用重置按钮 -->
<input type="reset" value="Reset Form">
<!-- 自定义重置按钮 -->
<button type="reset">Reset Form</button>
```

这两个按钮都可以用来重置表单。在重置表单时，所有表单字段都会恢复到页面刚加载完的初始状态。如果某个字段的内容为空，就会恢复为空；而带有默认值的字段也会恢复到默认值。

与提交表单一样，可以通过 JavaScript 代码重置表单，代码如下。

```
var form=document.getElementById("myForm");
form.reset();      //重置表单
```

与调用 submit( )方法不同，调用 reset( )方法会触发 reset 事件。

3.4.6 编辑文本框的值

尽管<input type="text">和<textarea/>是不同的元素，但它们均支持同样的特性来获取包含在文本框内的文本，代码如下。

```
<!DOCTYPE html>
<html>
    <head>
      <meta charset="UTF-8">
      <title></title>
      <script type="text/javascript">
        function getValues() {
            var oTextbox1=document.getElementById("txt1");
            var oTextbox2=document.getElementById("txt2");
            alert(oTextbox1.value+"\n"+oTextbox2.value);
        }
    </script>
    </head>
    <body>
      <input type="text" size="12" id="txt1"/><br/>
      <textarea rows="5" cols="25" id="txt2"></textarea><br/>
      <input type="button" value="Get Values" onclick="getValues()">
    </body>
</html>
```

value 特性获取的是字符串，因此通过以下代码可以获得文本框中的文本长度，并在浏览器中弹出通知。

```
alert(oTextbox1.value.length + "\n" + oTextbox2.value.length);
```

可以使用以下代码为文本框设置新内容。

```
oTextbox1.value="这是 input 中的新值。";
```

```
oTextbox2.value="这是 textarea 中的新值。";
```

3.4.7 文本框事件

两种类型的文本框都支持 blur 和 focus 事件，同时还支持 change 和 select 事件。

1）change：当用户更改内容后文本框失去焦点时发生，如果通过 value 属性来更改内容则不会触发该事件。

2）select：当一个或多个字符被选中时触发，无论是手动选中还是使用 select( )方法选中。

只要文本框失去焦点，就触发 blur 事件，而 change 事件只有当文本框中的文本发生变化后且失去焦点时才触发。如果文本不变，但文本框失去焦点，那么只有 blur 事件被触发；如果文本内容发生了变化，则先触发 change 事件，后触发 blur 事件。

● ● ● ● ● 本 章 小 结 ● ● ● ● ●

本章主要讲解了 JavaScript 的相关知识。数据类型和变量是 JavaScript 的基础部分，在学习时可以与其他编程语言参照印证。DOM 基础部分是 JavaScript 的重要知识点，也是区别于其他编程语言的一个使用场景，对 Web 页面编程至关重要。表单脚本是 Web 前端常用的技术之一，是前端页面与用户交互的基本手段，需要熟练掌握。

习　　题

1. 解释 JavaScript 中的 null 和 undefined。
2. 解释 JavaScript 中的值和类型。
3. 如何在 JavaScript 中比较两个对象？

第4章

Web 概述

学习目标

➢ 掌握浏览器向 Web 服务器请求一个 HTML 文档的过程。

➢ 掌握 URL 的格式。

➢ 掌握 HTTP 请求数据的基本格式。

➢ 掌握 HTTP 响应结果的基本格式。

➢ 掌握 Tomcat 的安装方法。

4.1 Web 基础

4.1.1 Web 简介

Web 是一种分布式应用架构，旨在共享分布在网络上的各 Web 服务器中所有互相链接的信息。Web 采用客户端/服务器通信模式，客户端与服务器之间使用 HTTP 通信。Web 使用 HTML 技术来链接网络上的信息。信息存放在服务器端，客户端通过浏览器（如 Edge 或 Chrome）就可以查找网络中各个 Web 服务器上的信息。

与 Web 相关的一个概念是万维网（world wide web，WWW）。WWW 是指全球范围内的 Web，它以 Internet 作为网络平台，Internet 是来自世界各地的众多相互连接的计算机和其他设备的集合，而 WWW 则是 Internet 上的一种分布式应用架构。

如图 4-1 所示，Web 服务器上存放了代表各种信息的 HTML 文件、图片文件、音频文件及视频文件，这些信息通过 HTML 技术相互连接。浏览器采用 HTTP 与 Web 服务器通信，就能访问到 Web 服务器上的各种信息。

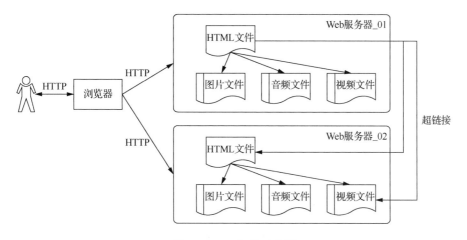

图 4-1　Web 运作示意图

Web 的技术特征如下。

1）信息的表示：使用 HTML 技术来表达信息，以及建立信息与信息的连接。

2）信息的定位：使用 URL 技术来实现网络上信息的精确定位。

3）信息的传输：使用网络应用层协议 HTTP 来规范浏览器与 Web 服务器之间的通信过程。

4.1.2　URL 简介

统一资源定位符（uniform resource locator，URl）是专门用于标识网络上资源位置的一种编址方式。URL 一般由以下 3 个部分组成。

1）应用层协议。

2）主机 IP 地址或域名。

3）资源所在路径/文件名。

URL 的语法格式如下：

应用层协议://主机 IP 地址或域名/资源所在路径/文件名

例如，对于 URL "http://news.imnu.edu.cn/info/1011/10264.htm"，其中 "http" 是应用层协议，"news.imnu.edu.cn" 是 Web 服务器的域名，"info/1011" 是文件所在路径，"10264.htm" 是文件名。

4.1.3　HTTP 简介

HTTP 是指定义如何在网络上传输超文本（即 HTML 文档）的协议。HTTP 定义了 Web 的基本运行模式及浏览器与 Web 服务器之间的通信细节，其用于客户端/服务器通信模式，客户端是 HTTP 客户端程序，服务器端是 HTTP 服务器。HTTP 服务器也称 Web 服务器，而浏览器是最常见的 HTTP 客户端程序。

如图 4-2 所示，在分层的网络体系结构中，HTTP 位于应用层，建立在 TCP/IP（transmission control protocol/internet protocol，传输控制协议/互联网协议）基础上。HTTP 使用可靠的 TCP 连接，默认端口是 80 端口。在目前的实际运用中，HTTP 2.0 并没有完全取代 HTTP 1.0，这两种协议在网络上并存。HTTP 规定 Web 的基本运行过程基于客户端/服务器通信模式，客户端主动发出 HTTP 请求，服务器端接收 HTTP 请求，再返回相应的 HTTP 响应结果。如图 4-3 所示，客户端与服务器端之间的一次信息交换包括以下过程。

1）客户端与服务器建立 TCP 连接。

2）客户端发出 HTTP 请求。

3）服务器发回相应的 HTTP 响应。

4）关闭客户端与服务器之间的 TCP 连接。

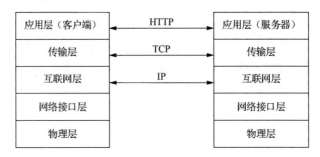

图 4-2　HTTP 位于应用层

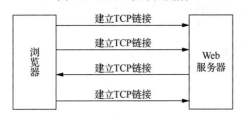

图 4-3　HTTP 规定的信息交换过程

HTTP 客户端程序与 HTTP 服务器分别由不同的软件开发商提供，目前常用的 HTTP 客户端程序包括 Microsoft Edge、Chrome、Firefox 等，常用的 HTTP 服务器包括 IIS 和 Apache 等。HTTP 客户端程序和服务器程序均可以使用任意的编程语言编写，使用 C++ 编写的客户端程序可以与使用 Java 编写的 HTTP 服务器正常通信，同理，运行在 Windows 系统上的 HTTP 客户端程序可以与运行在 Linux 系统上的 HTTP 服务器正常通信。这些功能的实现都要归功于 HTTP。HTTP 严格规定了 HTTP 请求和 HTTP 响应的数据格式，只要服务器和客户端程序之间的交换数据都遵循 HTTP，两者就能顺利通信。

1. HTTP 请求

HTTP 规定，HTTP 请求由以下 3 个部分构成。

1）请求的方法、URI 和 HTTP 的版本。

2）请求头（RequestHeader）。

3）请求正文（RequestContent）。

HTTP 请求可以使用多种请求方式，GET 和 POST 请求方式较为常用，而 PUT 和 DELETE 方式不常用。

1）GET：常见的请求方式，客户端程序通过这种请求方式访问服务器上的一个文档，并由服务器把文档发给客户端程序。

2）POST：客户端程序通过这种方式发送大量信息给服务器。在 HTTP 请求中除去包含访问文档的 URI，还包含大量的请求正文，HTML 表单数据通常包含在这些正文中。

3）PUT：客户端程序通过这种方式把文档上传给服务器。

4）DELETE：客户端程序通过这种方式删除服务器上的某个文档。

URI：用于标识要访问的网络资源。

2. HTTP 响应

和 HTTP 请求相似，HTTP 响应也由 3 个部分组成，分别如下。

1）HTTP 的版本、状态码和描述。

2）响应头（ResponseHeader）。

3）响应正文（ResponseContent）。

HTTP 响应第一行包括服务器使用的 HTTP 版本、状态码及对状态码的描述，如图 4-4 所示。

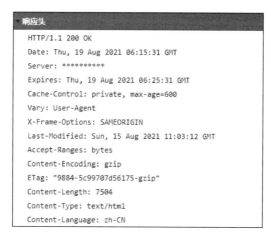

图 4-4　HTTP 响应信息

状态码是一个 3 位数，以 1、2、3、4 或 5 开头。

1）1××：信息提示，表示临时的响应。

2）2××：响应成功，表明服务器成功地接收了客户端请求。

3）3××：重定向。

4）4××：客户端错误，表明客户端可能有问题。

5）5××：服务器错误，表明服务器由于遇到某种错误而不能响应客户端请求。

以下是一些常见的状态码。

1）200：响应成功。

2）400：错误的请求。客户端发送的 HTTP 请求不正确。

3）404：文件不存在。在服务器上没有客户端要求访问的文档。

4）405：服务器不支持客户端的请求。

5）500：服务器内部错误。

当浏览器收到 HTTP 响应后，会根据相应正文的不同类型来进行不同的处理。例如，对于大多数浏览器，如果响应正文的类型是 DOC 文档，就会打开安装在本机的 Word 程序来打开它；如果是 ZIP 压缩文件，就会打开一个下载窗口让用户下载，如图 4-5 所示。

图 4-5　Microsoft Edge 提示用户下载压缩文档

3. 正文 MIME 类型

HTTP 请求及响应的正文部分可以是任意格式的数据，为了保证接收方能正确识别发送方的正文数据，HTTP 采用多用途互联网邮件扩展（multipurpose internet mail extensions，MIME）协议来规范正文的数据格式。这里的邮件不单指 E-mail，还包括各种应用层协议在网络上传输的数据。

MIME 协议由 W3C 组织制定，RFC2045 文档对 MIME 协议做了详细的阐述。遵守 MIME 协议的数据类型统称为 MIME 类型。在 HTTP 请求头和 HTTP 响应头中均有一个 Content-type 选项，用来说明请求正文和响应正文的 MIME 类型。表 4-1 列出了常见的 MIME 类型与文件扩展名的对应关系。

表 4-1　常见的 MIME 类型与文件扩展名的对应关系

文件扩展名	MIME 类型
未知数据类型或不可识别的扩展名	content/unknown
.bin、.exe、.o、.a、.z	application/octet-stream
.pdf	application/pdf
.zip	application/zip
.tar	application/x-tar
.gif	image/gif
.jpg、.jpeg	image/jpeg
.html、.htm	text/html
.text、.c、.h、.txt、.java	text/plain
.mpg、.mpeg	video/mpeg
.xml	application/xml

4. HTTP 各版本的特点

HTTP 发展至今，经历了几个版本，各版本的主要特点如下。

（1）HTTP 0.9

HTTP 0.9 于 1991 年发布，是最简单的 HTTP。HTTP 请求中不包含 HTTP 的版本号和头部信息，只有一个 GET 方法。HTTP 响应结果只能包含 HTML 文档，不能包含多媒体文件。HTTP 0.9 很快被 HTTP 1.0 替代。

（2）HTTP 1.0

HTTP 1.0 于 1996 年发布，不仅支持 GET 方法，还支持 POST 和 HEAD 方法。HTTP 响应结果中可以包含 HTML 文档、图片、视频或其他类型的数据。HTTP 1.0 的请求和响应都增加了版本号和头部信息。响应结果中包含状态码、授权认证、缓存和内容编码等信息。HTTP 1.0 的缺点是在一个 TCP 连接中只能发出一个 HTTP 请求，即针对每个 HTTP 请求都需要重新建立一个 TCP 连接。

（3）HTTP 1.1

HTTP 1.1 于 1999 年发布，是目前使用非常广泛的一个版本。HTTP 1.1 支持持久 TCP 连接。HTTP 1.1 建立 TCP 连接后，默认不会在处理完一个 HTTP 请求后立即断开，而是允许处理多个有序的 HTTP 请求。HTTP 1.1 引入管道机制，在一个 TCP 连接中，客户端不需要收到前一个 HTTP 请求的响应就可以继续发送下一个 HTTP 请求，而且可以连续发送多个请求。服务器端会按照请求发送的顺序依次返回响应。客户端如果想要关闭连接，可以在最后一个请求的请求头中加上 Connection:close 选项来安全关闭这个连接。HTTP 1.1 请求支持更多的请求方法，如 PUT 和 DELETE 方法。

（4）HTTP 2.0

HTTP 2.0 于 2015 年发布，它的显著特点是低延时传输，相比 HTTP 1.1，2.0 版本主要在二进制协议、多路复用、头部信息压缩、推送、请求优先级和安全方面进行了创新或改进。

4.1.4 Web 的发展历程

按照 Web 的功能，其发展过程可以大致分为以下几个阶段。

（1）第一阶段——发布静态的 HTML 文档

所谓静态 HTML 文档，是指事先存放在 Web 服务器端的文件系统中的 HTML 文档。当用户在浏览器中输入指向特定 HTML 文档的 URL 时，Web 服务器就会把该 HTML 文档的数据发送到浏览器端。在这个阶段，HTML 文档只能包含文本及图片。

（2）第二阶段——发布静态的多媒体信息

在 Web 的第一个发展阶段，信息只能以文本和图片的形式来发布，这满足不了人们对信息形式多样化的强烈需求。用户的需求使多媒体信息被引入 Web 领域。在这个阶段，信息可以使用文本、图片、动画、声音和视频等形式来表示。

在技术上，这个阶段主要增强了浏览器的功能，要求浏览器能集成一些插件，利用这些插件来展示特定形式的信息。例如，多数浏览器能利用多媒体播放器插件来播放声音和视频。在这个阶段，Web 服务器并不需要改进。不管是何种形式的静态信息，它们都作为文件被事先存放在 Web 服务器端的文件系统中。Web 服务器只需把包含特定信息的文件中的数据发送给浏览器即可，然后由浏览器来负责解析和展示数据。

（3）第三阶段——提供浏览器与用户的动态交互功能

在前两个阶段，用户在浏览器端都只能被动地观看来自服务器的静态信息。到了本阶段，用户不仅可以通过浏览器浏览信息，还可以与浏览器进行交互。该功能的实现得益于 JavaScript 和 VBScript 等脚本语言的问世。此外，浏览器必须能够解析和运行编写的小程序。

在这个阶段，Web 服务器并不需要进行改进。执行使用脚本语言编写的小程序的任务由浏览器来完成，Web 服务器只需把包含脚本文件的文档发送到浏览器端即可。所谓的浏览器端与用户的动态交互，其特征是浏览器会在运行时执行 JavaScript 和 VBScript 等脚本程序代码，交互只发生在浏览器端。

（4）第四阶段——提供服务器与用户的动态交互功能

第三阶段为用户提供了一些动态交互功能，该功能是由浏览器来完成的，该功能对用户的浏览器提出了诸多技术要求，如果浏览器不支持某种脚本语言，就无法运行网页中的脚本程序。

可以说，前面的 3 个阶段的技术发展点都是在客户端，而对 Web 服务器端都没有做特别要求。到了本阶段，Web 服务器端增加了动态执行特定程序代码的功能，这使 Web 服务器能利用特定程序代码来动态生成 HTML 文档。Web 服务器动态执行的程序可分为两种方式。

第一种方式：完全使用编程语言编写的程序，如通用网关接口（common gateway interface，CGI）程序和 Java 编写的 Servlet 程序。

第二种方式：嵌入了程序代码的 HTML 文档，如 PHP、ASP 和 JSP 文档。JSP 文档是嵌入了 Java 代码的 HTML 文档。

（5）第五阶段——发布基于 Web 的应用程序

Web 服务器端可以动态执行程序的功能变得越来越强大，不仅能动态地生成 HTML 文档，而且能处理各种应用领域中的业务逻辑，还能访问数据库。Web 逐渐被运用到电子财务、电子商务和电子政务等各个领域。

在这个阶段出现了 Web 应用的概念。所谓 Web 应用，是指需要通过编程来创建的 Web 站点。Web 应用中不仅包含普通的静态 HTML 文档，还包含大量可被 Web 服务器动态执行的程序。用户在 Internet 上看到的能开展业务的各种 Web 站点都可以看作 Web 应用，如网上商店和网上银行都是 Web 应用。此外，公司内部基于 Web 的 Intranet 工作平台也是 Web 应用。

（6）第六阶段——发布 Web 服务

Web 是基于 HTTP 的分布式架构。HTTP 采用客户端/服务器通信模式，该协议规定了服务器与浏览器之间交换数据的通信细节。Web 服务架构与 Web 一样，是网络应用层的一种分布式架构，也是基于客户端/服务器的通信模式，并且也能实现异构系统之间的通信。在 Web 服务架构中，服务器端负责提供 Web 服务，而客户端则请求访问 Web 服务。

（7）第七阶段——Web 2.0 和 Web 3.0

用户由消费者转变为内容提供者，出现了更为丰富的应用。

Web 2.0 是 2003 年之后 Internet 上的热门概念之一，不过，对什么是 Web 2.0 没有很严格的定义。Web 2.0 并不是 Web 1.0 的纯技术升级版本，实际上，它沿用了 Web 1.0 的大多数技术。Web 2.0 只是针对如何提供、组织及展示 Web 上的信息而提出的新概念。在 Web 1.0 中，广大用户主要是 Web 提供的信息的消费者，用户通过浏览器来获取信息。Web 2.0 强调全民织网，发动广大民众来共同为 Web 提供信息来源。Web 2.0 注重用户与 Web 的交互，用户既是 Web 信息的消费者（浏览者），也是 Web 信息的提供者。

Web 3.0 是在 2016 年以后逐步兴起的，但对于 Web 3.0 的确切概念，目前还没有明确的定义。如今，大多数人有手机智能终端，可以随时随地发布信息，而且也可以随时随地获取自己感兴趣的信息。例如，越来越多的人会通过微信、微博和微商平台等来发布或读取信息。在 Web 3.0 中，信息变得海量化，人人都参与信息发布，这导致信息质量参差不齐。信息发布平台提供者必须能对各种信息进行过滤，智能地为用户提供有用的信息，避免用户浪费大量时间去处理无用的信息。

4.1.5 Web 应用架构与应用的运行过程

基于 B/S 结构的 Web 应用，通常由客户端浏览器、Web 服务器、数据库服务器几部分组成。其中，Web 服务器负责运行使用动态网站技术编写的 Web 应用程序；数据库服务器负责管理应用程序使用到的数据；客户端浏览器负责帮助用户访问运行在 Web 服务器上的应用程序。

B/S 结构是基于特定 HTTP 通信协议的客户端/服务器结构，Web 应用架构即这种结构；B/S 结构的客户端只需要安装一款浏览器，而不需要开发、安装任何客户端软件，所有业务的实现全部交由服务器端负责。Web 应用架构如图 4-6 所示。

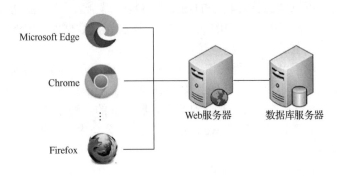

图 4-6　Web 应用架构

Web 应用的运行过程包括以下 3 步，如图 4-7 所示。

1）用户通过 Web 浏览器发送请求。

2）服务器处理用户请求。

3）服务器将处理结果响应返回给浏览器。

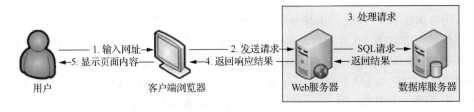

图 4-7　Web 应用的运行过程

4.2　Tomcat 基础

由于需要与 Web 服务器和 Web 应用这两个不同的软件系统进行合作，因此需要制定 Web 服务器和 Web 应用协作的标准接口，Servlet 就是基于 Java 的 Web 服务器和 Web 应用的接口。接口满足以下要求。

1）Web 服务器可以访问任意一个 Web 应用中所有实现 Servlet 接口的类。

2）Web 应用中用于被 Web 服务器动态调用的程序代码位于 Servlet 接口的实现类中。

Oracle 公司是 Java 语言的开发者和发布者，也是上述标准接口的制定者。Oracle 公司不仅制定了 Web 应用与 Web 服务器进行协作的一系列标准 Java 接口（统称为 Java Servlet API），还对 Web 服务器发布及运行 Web 应用的一些细节做出了规约。这一系列标准 Java 接口和规约统称为 Servlet 规范。

由 Apache 软件基金会组织创建的 Tomcat 是一个符合 Servlet 规范的优秀 Servlet 容器，完全由 Java 编写。图 4-8 所示为 Tomcat 与 Java Web 应用之间通过 Servlet 接口协作的过程。

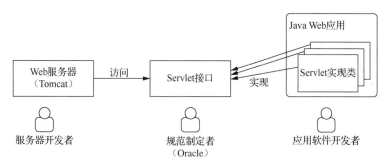

图 4-8 Tomcat 与 Java Web 应用之间通过 Servlet 接口协作的过程

4.2.1 Tomcat 简介

Tomcat 是 Apache 软件基金会组织的一个软件项目，可以在 Tomcat 官方网站上获取关于 Tomcat 的最新信息。图 4-9 所示为 Tomcat 的官方主页。Tomcat 还提供了作为 Web 服务器的一些实用功能，如管理和控制平台、安全域管理等。Tomcat 目前是开发 Java Web 应用的 Servlet 容器之一。

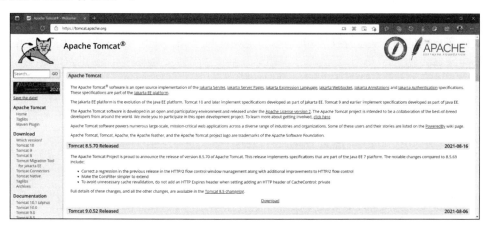

图 4-9 Tomcat 的官方主页

随着 Servlet/JSP 规范的不断完善和升级，Tomcat 的版本也经历了不断地更新迭代。Tomcat 版本、Servlet/JSP 的规范版本与 JDK 版本的对应关系如表 4-2 所示。

表 4-2　Tomcat 版本、Servlet/JSP 的规范版本与 JDK 版本的对应关系

Tomcat 版本	JDK 版本	Servlet/JSP 规范版本
10.0.×	JDK8 或更高版本	5.0/3.0
9.×	JDK8 或更高版本	4.0/2.3
8.×	JDK7 或更高版本	3.1/2.3
7.×	JDK6 或更高版本	3.0/2.3
6.×	JDK5 或更高版本	2.5/2.1
5.5.×	JDK1.4 或更高版本	2.4/2.0
5.0.×	JDK1.4 或更高版本	2.4/2.0
4.1.×	JDK1.3 或更高版本	2.3/1.2
3.3.1a	JDK1.3 或更高版本	2.2/1.1

4.2.2　Tomcat 容器的基本功能

Servlet 是一种运行在服务器上使用 Java 语言编写的小插件。Servlet 最常见的用途就是扩展 Web 服务器的功能，它可以作为 CGI 的替代品。Servlet 具有以下特点。

1）提供了能够被服务器动态加载并执行的程序代码，为来自客户端的请求提供相应的服务。

2）Servlet 完全使用 Java 语言编写，因此要求运行 Servlet 的服务器必须支持 Java 语言。

3）Servlet 完全在服务器端运行，运行不依赖浏览器。无论浏览器是否支持 Java 语言，都能访问服务器端的 Servlet。

如图 4-10 所示，Tomcat 作为运行 Servlet 的容器，它的基本功能就是负责接收和解析来自客户端的请求，把客户端的请求传送给相应的 Servlet，之后将 Servlet 的响应结果返回给客户端。

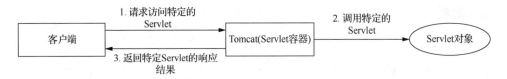

图 4-10　Tomcat 作为运行 Servlet 的容器的基本功能

Servlet 规范规定的 Servlet 不仅可以运行在基于 HTTP 的 Web 服务器上，还可以运行在基于其他协议的服务器上。目前，Servlet 主要运行在 Web 服务器上，用来扩展 Web 服务器的功能。

Tomcat 作为 Servlet 的容器，有以下 3 种工作模式。

（1）独立的 Servlet 容器

Tomcat 作为独立的 Web 服务器来单独运行，Servlet 容器组件作为 Web 服务器中的一部分存在，这是 Tomcat 的默认工作模式。在这种模式下，Tomcat 是一个独立运行的 Java 程序，需要启动一个 Java 虚拟机进程，由该进程负责运行 Tomcat。

（2）其他 Web 服务器进程内的 Servlet 容器

在这种模式下，Tomcat 分为 Web 服务器插件和 Servlet 容器组件两个部分。Web 服务器插件在其他 Web 服务进程的内部地址空间启动一个 Java 虚拟机，Servlet 容器组件在此 Java 虚拟机中运行。如果有客户端发出调用 Servlet 的请求，Web 服务器插件获得对此请求的控制并转发（使用 JNI 通信机制）给 Servlet 容器组件。

（3）其他 Web 服务器进程外的 Servlet 容器

在这种模式下，Tomcat 分为 Web 服务器插件和 Servlet 容器组件两个部分。Web 服务器插件在其他 Web 服务进程的外部地址空间启动一个 Java 虚拟机，Servlet 容器组件在此 Java 虚拟机中运行。如果有客户端发出调用 Servlet 的请求，Web 服务器插件获得对此请求的控制并转发（使用 IPC 通信机制）给 Servlet 容器组件。

4.2.3　Tomcat 的安装及应用

本节介绍将 Tomcat 作为独立 Web 服务器进行安装的方法，以及如何在 Eclipse 中配置 Tomcat 相关环境。其需要的软件版本信息如表 4-3 所示。

表 4-3　软件版本信息

软件名称	版本	网址
JDK	JDK8u301 Windows x64	https://www.oracle.com/cn/java/technologies/javase/javase-jdk8-downloads.html
Tomcat	64-bit Windows zip（9.0.52）	https://tomcat.apache.org/download-90.cgi
Eclipse	Eclipse IDE 2021-06 R Packages Eclipse IDE for Enterprise Java and Web Developers	https://www.eclipse.org/downloads/packages/

Tomcat 的安装步骤如下。

1）首先安装 JDK。假设安装在 C:\Program Files\Java 目录下。

2）解压 Tomcat 压缩文件 apache-tomcat-9.0.52-windows-x64.zip。解压 Tomcat 的压缩文件的过程就相当于安装的过程。假设解压至 C:\Program Files\apache-tomcat-9.0.52 目录。

3）设置两个环境变量：JAVA_HOME（它是 JDK 的安装目录）和 CATALINA_HOME（它是 Tomcat 的安装目录）。在 Windows 10 桌面上右击"此电脑"，在弹出的快捷菜单中选择"属性"选项，在打开的窗口中选择"高级系统设置"选项，在打开的"系统属性"

对话框中选择"高级"选项卡。单击"环境变量"按钮，在打开的"环境变量"对话框中单击"新建"按钮，新建两个环境变量，如图 4-11 所示。

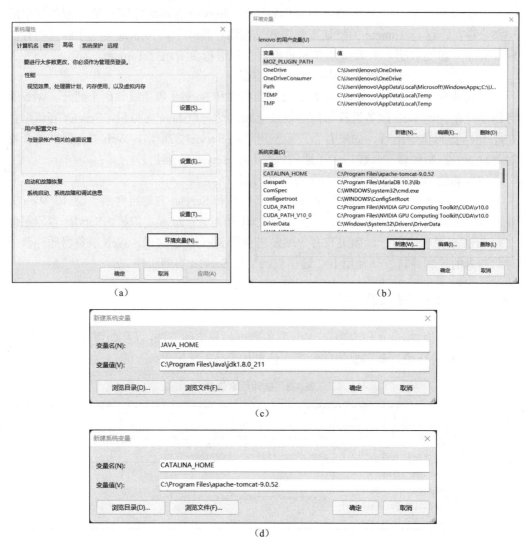

图 4-11　设置环境变量 JAVA_HOME 和 CATALINA_HOME

4）启动和关闭 Tomcat 服务器。

启动 Tomcat 服务器的命令为"<CATALINA_HOME>\bin\startup.bat"。

关闭 Tomcat 服务器的命令为"<CATALINA_HOME>\bin\shutdown.bat"。

访问页面：http://localhost:8080/examples/index.html，可以看到如图 4-12 所示的效果。

图 4-12   Apache Tomcat Examples

5）解压 Eclipse 压缩文件 eclipse-jee-2021-06-R-win32-x86_64.zip。解压 Tomcat 压缩文件的过程就相当于安装的过程。假设解压至 C:\Program Files\eclipse 目录。双击目录中的 eclipse.exe 文件，打开 Eclipse。

6）在 Eclipse 中设置 Tomcat 环境。启动 Eclipse，选择"Window"→"Preferences"选项，如图 4-13（a）所示；在打开的"Preferences"窗口的左侧单击展开"Server"节点，选择"Runtime Environments"，之后在窗口右侧单击"Add"按钮，如图 4-13（b）所示。在打开的窗口中选择 Tomcat 的版本，然后单击"Next"按钮，如图 4-13（c）所示；在打开的窗口中选择安装目录，然后单击"Finish"按钮，如图 4-13（d）所示。

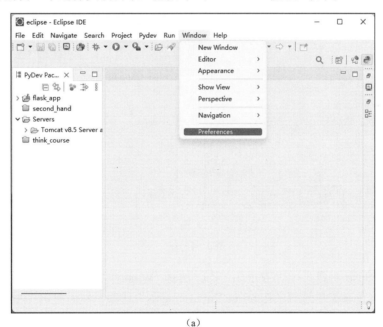

（a）

图 4-13   在 Eclipse 中设置 Tomcat 环境

Java Web 程序设计实用教程

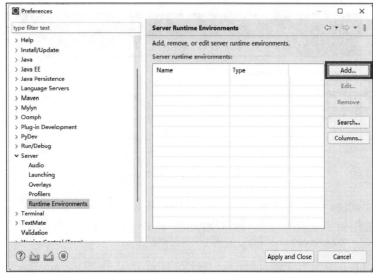

(b)

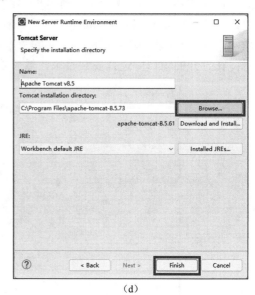

(c)   (d)

图 4-13（续）

7）在 Eclipse 中测试启动 Tomcat 环境。选择"Window"→"Show View"→"Server"
选项，在打开的窗口中选择"Runtime Environments"选项，然后单击"Add"按钮，在
打开的窗口中选择"Apache Tomcat v9.0"选项，同时选中"Create a new local server"
复选框，再依次单击"Next"和"Finish"按钮。在 Servers 视图中，右击服务器列表中
的"Tomcat v9.0 Server at localhost"选项，在弹出的快捷菜单中选择"Start"选项，如
图 4-14 所示。在 Eclipse 中启动的 Tomcat 环境中只发布了开发人员制定的 Web 应用程

序。图 4-12 所示的页面在此模式下是没有发布的，如果访问则会报错。

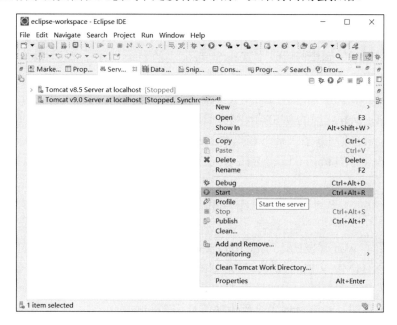

图 4-14　在 Eclipse 中测试启动 Tomcat 环境

4.2.4　Tomcat 的目录结构

在 Tomcat 上发布 Java Web 应用之前，首先应该了解 Tomcat 的目录结构。Tomcat 的目录结构由其开发者决定，与 Servlet 规范没有关系。Tomcat 9.× 的目录结构如表 4-4 所示，其存放在 apache-tomcat-9.0.52-windows-x64.zip 的解压目录中。

表 4-4　Tomcat 9.× 的目录结构

目录	描述
/bin	Windows 和 Linux 平台上用于启动和关闭 Tomcat 的脚本文件
/conf	Tomcat 服务器的各种配置文件，其中最重要的配置文件是 server.xml
/lib	Tomcat 服务器及所有发布在服务器上的 Java Web 应用都可以访问的 JAR 文件
/logs	Tomcat 的日志文件
/webapps	Tomcat 服务器上发布 Java Web 应用时，默认将文件存放在这个目录中
/work	Tomcat 的工作目录。Tomcat 运行时把生成的一些工作文件存放在这个目录中。默认情况下，发布在/webapps 中的 JSP 文件生成 Servlet 类存放于此

以上 lib 目录用于存放 JAR 文件，在 Java Web 应用的 WEB-INF 目录下也可以包含 lib 子目录，两者的区别如下。

1）Tomcat 的 lib 子目录：存在这个目录中的 JAR 文件不仅可以被 Tomcat 访问，还可以被所有在 Tomcat 中发布的 Java Web 应用访问。

2）Java Web 应用中的 lib 子目录：仅能够被当前 Java Web 应用访问。

假设 Tomcat 的类加载器要为 Java Web 应用加载一个名为 Student 的类，那么类加载器会按照以下顺序到相应目录中查找 Student 类的.class 文件，直到找到位置；如果所有目录中都没有 Student.class 文件，则会抛出异常。

1）在 Java Web 应用的 WEB-INF/classes 目录下查找 Student.class 文件。

2）在 Java Web 应用的 WEB-INF/lib 目录下查找 Student.class 文件。

3）在 Tomcat 的 lib 子目录下查找 Student.class 文件。

4）在 Tomcat 的 lib 子目录下的 JAR 文件内部查找 Student.class 文件。

本 章 小 结

本章介绍了 Web 开发的原理和 Tomcat 容器的知识。读者需要掌握浏览器向 Web 服务器请求一个 HTML 文档的过程；理解 URL 相关知识；掌握 HTTP 请求数据和响应结果的基本格式，在开发过程中能看懂 HTTP 的封装数据；掌握 Tomcat 的安装方法和目录结构，能够在编写和调试代码过程中熟练使用 Tomcat。

通过对本章的学习，读者应理解 Web 应用架构和运行过程，要掌握以下两点：在分层的网络体系结构中，HTTP 位于应用层，建立在 TCP/IP 基础上；基于 B/S 结构的 Web 应用，通常由客户端浏览器、Web 服务器、数据库服务器等组成。

习 题

1. Tomcat 安装目录中的 bin 目录、lib 目录和 webapps 目录分别存放什么文件？
2. 请简述安装 Tomcat 的方法。

第 5 章

Servlet 技术

学习目标

> 了解 Servlet 的作用和特点。
> 了解 Servlet 的体系结构。
> 掌握 Servlet 的生命周期。
> 掌握 Servlet 的创建、声明配置、部署和运行方法。
> 掌握 Servlet 的数据处理、重定向与请求转发方法。
> 掌握 Servlet 的核心接口。

5.1 Servlet 简介

Servlet（server applet）是 Java Servlet 的简称，称为小服务程序或服务连接器，是用 Java 语言编写的服务器端程序，具有独立于平台和协议的特性，主要功能在于交互式地浏览和生成数据，生成动态 Web 内容。

狭义的 Servlet 是指 Java 语言实现的一个接口，广义的 Servlet 是指任何实现了这个 Servlet 接口的类。一般情况下，人们将 Servlet 理解为后者。Servlet 运行于支持 Java 语言的应用服务器中。从原理上讲，Servlet 可以响应任何类型的请求，但绝大多数情况下，Servlet 只用来扩展基于 HTTP 的 Web 服务器。

最早支持 Servlet 标准的是 JavaSoft 的 Java Web Server，此后，一些其他的基于 Java 语言的 Web 服务器开始支持标准的 Servlet。

在动态网站技术发展初期，为了替代笨拙的 CGI 技术，Sun 公司在制定 Java EE 规范时引入 Servlet，实现了基于 Java 语言的动态 Web 技术，奠定了 Java EE 的基础，使动态 Web 开发技术达到了一个新的境界。如今，Servlet 在普遍使用的多视点视频编码（multiview video coding，MVC）模式的 Web 开发中仍占据重要地位，目前流行的 Web 框架大都基于 Servlet 技术，如 Struts、WebWork 和 Spring MVC 等。只有掌握了 Servlet

技术，才能真正掌握 Java Web 编程的核心和精髓。

5.1.1 Servlet 的作用和特点

Servlet 最大的优势就在于一方面它是使用 Java 语言编写的，是一个 Java 类，因而 Java 语言赋予了它强大的功能；另一方面，它又可以用来处理客户端的请求，并且可以返回响应。这两方面的结合使 Servlet 成为功能非常强大的服务器端语言。总的来说，它主要有以下几个方面的优势。

1. 可移植性好

由于 Servlet 使用 Java 语言编写，Servlet API 具有完善的标准，因此为 Web 服务器编写的 Servlet 无须任何实质上的改动即可移植到 Apache、Microsoft IIS 或 Nginx，可以在不同的操作系统平台和不同的应用服务器平台运行。

2. 功能强大

由于 Servlet 本质上是 Java 类，它可以使用 Java API 核心的所有功能，这些功能包括 Web 和 URL 访问、图像处理、数据压缩、多线程、JSBC、序列化对象等。

3. 安全性好

Servlet 的安全问题有多个层次的保障，首先，Servlet 是 Java 类，它可以使用 Java 语言的安全框架；其次，Servlet API 是类型安全的；最后，窗口也可以给 Servlet 的安全进行管理。

4. 简洁

Servlet 代码面向对象，并且提供了大量的实用工具例程，如处理很难完成的 HTML 表单数据、读取和设置 HTTP 头，以及处理 Cookie 和跟踪会话等。

5. 高效

Servlet 载入 Web 服务器中，它就会驻留在内存中，这样在每次编译时就加快了响应的速度。

5.1.2 Servlet 的运行原理

Servlet 的主要功能在于交互式地浏览和修改数据，生成动态 Web 内容。Servlet 的运行原理如图 5-1 所示。

图 5-1　Servlet 的运行原理

1）客户端发送请求至服务器端。

2）服务器将请求信息发送至 Servlet。

3）Servlet 生成响应内容并将其传给服务器。响应内容动态生成，通常取决于客户端的请求。

4）服务器将响应内容返回给客户端。

Java Web 重要的组成部分主要包括客户端浏览器、Web 服务器、数据库服务器。

Servlet 看起来像是通常的 Java 程序。Servlet 导入特定的属于 Java Servlet API 的包。因为是对象字节码，可动态地从网络加载，可以说 Servlet 对 Server 就如同 Applet 对 Client 一样，但是，由于 Servlet 运行于 Server 中，它们并不需要一个图形用户界面。从这个角度讲，Servlet 也被称为 Faceless Object。

一个 Servlet 就是 Java 编程语言中的一个类，它被用来扩展服务器的性能，服务器上驻留着可以通过"请求-响应"编程模型来访问的应用程序。虽然 Servlet 可以对任何类型的请求产生响应，但通常只用来扩展 Web 服务器的应用程序。

5.1.3　Servlet 版本

Servlet 是 Java EE 的基础，随 Java EE 规范一起发布，其常见版本说明如表 5-1 所示。

表 5-1　Servlet 常见版本说明

版本	发布日期	Java EE/JDK 版本
Jakarta Servlet 5.0	2020 年 9 月	Jakarta EE 9
Servlet 4.0	2017 年 10 月	Java EE 8
Servlet 3.1	2013 年 5 月	Java EE 7
Servlet 3.0	2009 年 12 月	Java EE 6，Java SE 6
Servlet 2.5	2005 年 10 月	Java EE 5，Java SE 5
Servlet 2.4	2003 年 11 月	J2EE 1.4，J2SE 1.3
Servlet 2.3	2001 年 8 月	J2EE 1.3，J2SE 1.2
Servlet 2.2	1999 年 8 月	J2EE 1.2，J2SE 1.2
Servlet 2.1	1998 年 11 月	未指定

1. Servlet 2.2

Servlet 2.2 引入了 self-contained Web applications 的概念。

2. Servlet 2.3

1）Servlet API 2.3 中最重大的改变是增加了 filters。

2）Servlet 2.3 增加了 filters 和 filter chains 的功能，引入了 context 和 session listeners 的概念，当 context 或 session 被初始化或将要被释放时，以及当向 context 或 session 中绑定属性或解除绑定时，可以对类进行监测。

3. Servlet 2.4

Servlet 2.4 加入了几个引起关注的特性，没有特别突出的新内容，而是花费了更多的工夫在推敲和阐明以前存在的一些特性上，对一些不严谨的地方进行了校验。

Servlet 2.4 增加了新的最低需求、新的监测 request 的方法、新的处理 response 的方法、新的国际化支持、RequestDispatcher 的新特性和说明、新的 request listener 类、session 的描述，以及一个新的基于 Schema 的并拥有 J2EE 元素的发布描述符。这份文档规范被全面而严格地进行了修订，除去了一些可能会影响跨平台发布的模糊不清的因素。总而言之，这份规范增加了 4 个新类、7 个新方法、一个新常量，不再推荐使用一个类。

4. Servlet 2.5 的主要更新

1）基于最新的 J2SE 5.0 开发。
2）支持 annotations。
3）web.xml 中的几处配置更加方便。
4）去除了少数的限制。
5）优化了一些实例。

5. Servlet 3.0

Servlet 3.0 作为 Java EE 6 规范体系的一员，随着 Java EE 6 规范一起发布。该版本在前一版本（Servlet 2.5）的基础上提供了若干新特性用于简化 Web 应用的开发和部署。

6. Servlet 4.0 草案

Servlet 从 3.1 到 4.0 是一次大改动，而改动的关键之处在于对 HTTP 2.0 的支持。HTTP 2.0 是继 HTTP 1.1 规范化以来的首个 HTTP 新版本，相对于 HTTP 1.1，HTTP 2.0 带来许多增强功能。在草案提议中，Shing Wai 列举出了一些 HTTP 2.0 的新特性，而这些特性也正是他希望在 Servlet 4.0 API 中实现并提供给用户的新功能，这些新特性如下。

1）请求/响应复用（request/response multiplexing）。

2）流的优先级（stream prioritization）。

3）服务器推送（server push）。

4）HTTP 1.1 升级（upgrade from HTTP 1.1）。

7. Servlet 5.0

2017 年 8 月，Oracle 决定将 JavaEE 移交给开源组织，最后由 Eclipse 基金会接手。由于甲骨文公司不允许开源组织使用原有的 JavaEE 名称，Eclipse 选出"Jakarta EE"作为新的名称。

Jakarta EE 9 中需要使用 Jakarta Servlet 5.0 的 API。为了能够在 Jakarta EE 环境下运行，Serlvet 容器及部署在容器中的 Servlet 组件必须符合 Jakarta EE 的规范要求。

5.1.4 Servlet 体系结构

以 Tomcat 为例，/lib/servlet-api.jar 文件为 Servlet API 的类库文件，Servlet API 主要由两个 Java 包组成：javax.servlet 和 javax.servlet.http，如图 5-2 所示。

图 5-2　Servlet API 包的组成

在 javax.servlet 包中定义了 Servlet 接口及相关的通用接口和类。

在 javax.servlet.http 包中主要定义了与 HTTP 相关的 HttpServlet 类、HttpServletRequest 接口和 HttpServletResponse 接口。Servlet 体系结构如图 5-3 所示。

1. Servlet 接口

在 Servlet 接口中定义了与生命周期相关的 5 个方法，其中 3 个方法都是由 Servlet 容器来调用的，容器会在 Servlet 的生命周期的不同阶段调用特定的方法。

2. GenericServlet 抽象类

GenericServlet 抽象类为 Servlet 接口提供了通用实现，GenericServlet 除实现了 Servlet 接口，还实现了 ServletConfig 接口和 serializable 接口。

3. HttpServlet 抽象类

HttpServlet 抽象类是 GenericServlet 类的子类。HttpServlet 抽象类为 Servlet 接口提

供了与 HTTP 相关的通用实现，也就是说，HttpServlet 对象适合运行在与客户端采用 HTTP 通信的 Servlet 容器或 Web 容器中。

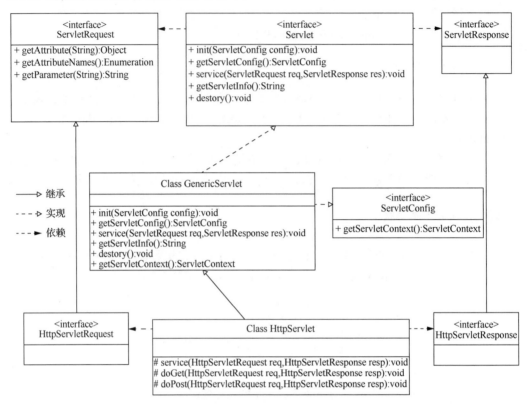

图 5-3　Servlet 的体系结构

4．ServletRequest 接口

ServletRequest 表示来自客户端的请求；当 Servlet 容器接收到客户端要求访问特定 Servlet 的请求时，容器先解析客户端的原始请求数据，把它包装成一个 ServletRequest 对象。

5．HttpServletRequest 接口

HttpServletRequest 接口是 ServletRequest 接口的子接口。

6．ServletResponse 接口

Servlet 通过 ServletResponse 对象来生成响应结果。

7. HttpServletResponse 接口

HttpServletResponse 接口提供了与 HTTP 相关的一些方法，Servlet 可以通过这些方法来设置 HTTP 响应头或向客户端写 Cookie。

8. ServletConfig 接口

当 Servlet 容器初始化一个 Servlet 对象时，会为这个 Servlet 对象创建一个 ServletConfig 对象，在 Servlet 对象中包含了 Servlet 的初始化参数信息。

9. ServletContext 接口

ServletContext 是 Servlet 与 Servlet 容器之间直接通信的接口，Servlet 容器在启动一个 Web 应用时，会为它创建一个 ServletContext 对象。每个 Web 应用都有唯一的 ServletContext 对象，可以把 ServletContext 对象形象地理解为 Web 应用的总管家，同一个 Web 应用中的所有 Servlet 对象都共享一个 ServletContext，Servlet 对象可以通过其访问容器中的各种资源。

5.1.5　Servlet 的生命周期

Servlet 的生命周期可被定义为从创建直到销毁的整个过程。如图 5-4 所示是 Servlet 的生命周期。

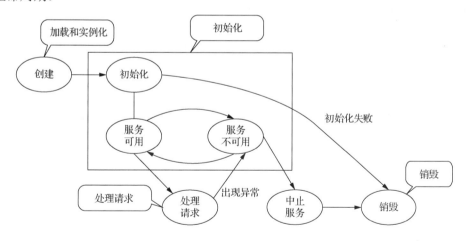

图 5-4　Servlet 的生命周期

1）Servlet 通过调用 init( ) 方法进行初始化。
2）Servlet 通过调用 service( ) 方法来处理客户端的请求。
3）Servlet 通过调用 destroy( ) 方法终止（结束）。
4）Servlet 是由 JVM 的垃圾回收器进行垃圾回收的。

Servlet 的创建是指加载和实例化两个过程，Servlet 容器在如下时刻加载和实例化一个 Servlet：在服务器运行中，客户端首次向 Servlet 发出请求时；重新装入 Servlet 时，如服务器重新启动、Servlet 被修改。

在为 Servlet 配置自动装入选项（load-on-startup）时，服务器在启动时会自动装入此 Servlet。Servlet 实例化后，Servlet 容器将调用 Servlet 的 init(ServletConfig config)方法来对 Servlet 实例进行初始化。如果初始化没有问题，Servlet 在 Web 容器中会处于服务可用状态；如果初始化失败，Servlet 容器会从运行环境中清除该实例；当 Servlet 运行出现异常时，Servlet 容器会使该实例变为服务不可用状态。Web 程序维护人员可以设置 Servlet，使其成为服务不可用状态，或者从服务不可用状态恢复成服务可用状态。

服务器接收到客户端请求，会为该请求创建一个"请求"对象和一个"响应"对象并调用 service( )方法，service( )方法再调用其他方法来处理请求。在 Servlet 生命周期中，service( )方法可能会被多次调用。当多个客户端同时访问某个 Servlet 的 service( )方法时，服务器会为每个请求创建一个线程，这样可以并行处理多个请求，缩短请求处理的等待时间，提高服务器的响应速度。但同时也要注意对同一对象的并发访问问题。

当 Servlet 容器需要终止 Servlet（如 Web 服务器即将被关掉或需要出让资源）时，它会先调用 Servlet 的 destroy( )方法使其释放正在使用的资源。在 Servlet 容器调用 destroy( )方法之前，必须让当前正在执行 service( )方法的任何线程都完成执行，或者超过了服务器定义的时间限制。在 destroy( )方法完成后，Servlet 容器必须释放 Servlet 实例以便被垃圾回收器回收。

5.2　Servlet 的运行原理

5.2.1　创建 Servlet

创建 Servlet 的方法有 3 种：第一种方法是通过实现 Servlet 接口创建 Servlet 类，需要重写接口中的方法；第二种方法是继承 GenericServlet 类，因为它实现了 Servlet 接口中除了 service( )以外的方法，所以只需要重写 service( )方法即可；第三种方法是继承 HttpServlet 方法。

1. 创建 Servlet 的步骤

1）创建普通类继承 HttpServlet。
2）重写 service（doGet/doPost）方法。
3）配置 servlet（在 web.xml 中注册 servlet）。

2. Servlet 的请求流程

1）客户端请求指定的 Servlet（URL）。
2）系统会根据 web.xml 的配置找到对应的 url-pattern。
3）根据 url-pattern 找到对应的 pattern-name。
4）进入指定 Servlet 类执行 Servlet 方法。

3. Servlet 生命周期与 Servlet 方法的关系

1）容器（tomcat）启动之后，会对 web.xml 进行加载（解析），主要验证映射配置是否正确，若出现任何异常，则服务器会抛出异常。
2）web.xml 被成功加载之后，当客户端对指定的 Servlet 第一次发起访问时，容器会自动执行 service 的 init( )方法（只会在第一次访问时执行）。
3）容器会执行 service( )方法，再根据客户端发起的请求（GET、POST）决定调用 doGet/doPost 完成相应的操作。
4）当容器停止服务时，Servlet 会执行 destroy( )方法完成销毁操作。

4. 在 Servlet 中可创建的方法

在 Servlet 中可创建的方法如下。
（1）init( )方法
init( )方法被设计成只调用一次。它在第一次创建 Servlet 时被调用，在后续每次用户请求时不再调用。因此，它适用于一次性初始化，就像 Applet 的 init( )方法一样。

Servlet 创建于用户第一次调用对应于该 Servlet 的 URL 时，但是也可以指定 Servlet 在服务器第一次启动时被加载。

当用户调用一个 Servlet 时，就会创建一个 Servlet 实例，每个用户请求都会产生一个新的线程，适当的时候移交给 doGet( )或 doPost( )方法。init( )方法简单地创建或加载一些数据，这些数据将被用于 Servlet 的整个生命周期。

init( )方法的定义如下：

```
public void init() throws ServletException {
    //初始化代码...
}
```

（2）service( )方法
service( )方法是执行实际任务的主要方法。Servlet 容器（即 Web 服务器）调用 service( )方法来处理来自客户端（浏览器）的请求，并把格式化的响应写回给客户端。

每当服务器接收到一个 Servlet 请求时，服务器就会产生一个新的线程并调用服务。service( )方法可检查 HTTP 请求的类型（GET、POST、PUT、DELETE 等），并在适当的时候调用 doGet( )、doPost( )、doPut( )、doDelete( )等方法。

service( )方法的特征如下：

```
public void service(ServletRequest request, ServletResponse response)
throws ServletException, IOException{}
```

service( )方法由容器调用，所以，不需要对 service( )方法做任何动作，只需要根据来自客户端的请求类型重写 doGet( )或 doPost( )方法即可。

doGet( )和 doPost( )方法是每次服务请求中最常用的方法。下面是这两种方法的特征。

（3）doGet( )方法

GET 请求来自一个 URL 的正常请求，或者来自一个未指定 METHOD 的 HTML 表单，它由 doGet( )方法处理。

```
public void doGet(HttpServletRequest request,HttpServletResponse
response)
throws ServletException, IOException {
    // Servlet 代码
}
```

（4）doPost( )方法

POST 请求来自一个特别指定 METHOD 为 POST 的 HTML 表单，它由 doPost( )方法处理。

```
public void doPost(HttpServletRequest request,
HttpServletResponse response) throws ServletException, IOException {
    //Servlet 代码
}
```

（5）destroy( )方法

destroy( )方法只会被调用一次，在 Servlet 生命周期结束时被调用。destroy( )方法可以让 Servlet 关闭数据库连接、停止后台线程、把 Cookie 列表或单击计数器写入磁盘，并执行其他类似的清理活动。

在调用 destroy( )方法之后，Servlet 对象被标记为垃圾回收。destroy( )方法的定义如下：

```
public void destroy() {
    //终止代码...
}
```

在实际应用中，在创建 Servlet 的过程中，主要通过两种方式进行访问配置。Servlet 的声明配置信息主要包括 Servlet 的描述、名称、初始参数、类路径及访问地址等。在 Servlet 3.×规范中，Servlet 的声明配置可以通过注解方式实现，注解@WebServlet 用于将一个类声明为 Servlet，注解@WebServlet 会在程序部署时被 Servlet 容器处理，容器将根据具体的属性配置把相应的类部署为 Servlet，Servlet 的声明配置也可通过项目配置文件 web.xml 完成。

创建 Servlet 的过程如下。

① 创建 Java Web 项目。

② 创建 Servlet。

③ Servlet 的声明配置。

④ Servlet 的部署运行。

5.2.2　使用注解方式声明 Servlet

通过注解@WebServlet 声明 Servlet 的示例如下：

```
@WebServlet(name="XXServlet", urlPatterns={"/XX"},
    initParams={@WebInitParam(name="username", value="qst")},
    loadOnStartup=0, asyncSupported=true,
    displayName="XXServlet",description="Servlet 样例")
public class XXServlet extends HttpServlet {
    ...
}
```

其属性说明如下。

1）name：指定 Servlet 的名称，可以为任何字符串，一般与 Servlet 的类名相同，如果没有显式指定，则该 Servlet 的取值即为类的全限定名。

2）urlPatterns：指定一组 Servlet 的 URL 匹配模式，可以是匹配地址映射（如/SimpleServlet）、匹配目录映射（如/servlet/*）和匹配扩展名映射（如*.action）。

3）value：该属性等价于 urlPatterns 属性。两个属性不能同时使用。

4）loadOnStartup：指定 Servlet 的加载顺序。当此选项没有指定时，表示容器在该 Servlet 第一次被请求时才加载；当值为 0 或大于 0 时，表示容器在应用启动时就加载这个 Servlet。值越小，启动该 Servlet 的优先级越高。原则上不同的 Servlet 应该使用不同的启动顺序数字。

5）initParams：指定一组 Servlet 初始化参数，为可选项。

6）asyncSupported：声明 Servlet 是否支持异步操作模式，默认为 false。

7）description：指定该 Servlet 的描述信息。

8）displayName：指定该 Servlet 的显示名，通常配合工具使用。

5.2.3　使用 web.xml 文件声明 Servlet

配置示例如下：

```
<servlet>
    <description>Servlet 样例</description>
    <display-name>XXServlet</display-name>
    <servlet-name>XXServlet</servlet-name>
    <servlet-class>com.qst.chapter02.servlet.XXServlet</servlet-class>
    <init-param>
        <param-name>username</param-name>
    </init-param>
    <load-on-startup>0</load-on-startup>
    <async-supported>true</async-supported>
</servlet>
<servlet-mapping>
    <servlet-name>XXServlet</servlet-name>
    <url-pattern>/XX</url-pattern>
</servlet-mapping>
```

5.3 Servlet 的应用

5.3.1 Servlet 数据处理

Servlet 是运行于 Web 服务器端的 Java 程序。在 Web 开发中，Servlet 常用于在服务器端处理一些与界面无关的任务，在多数情况下，需要传递一些信息，从浏览器到 Web 服务器，最终到后台程序。浏览器使用两种方法可将这些信息传递到 Web 服务器，分别为 GET 方法和 POST 方法。

用户通过浏览器可以发送给 Web 服务器的请求一共有 7 种：POST、GET、PUT、DELETE、OPTIONS、HEAD 和 TRACE。在开发过程中，较常用的是 POST 和 GET 这两种请求，处理超链接请求数据时采用的是 GET 方法，处理 Form 表单请求数据时采用的是 POST 方法。

容器在将请求转换为 HttpServletRequest 对象之后，还会根据请求的类型调用不同的请求方法。对于超链接的 GET 请求会调用 doGet( )方法；对于 Form 表单的 POST 请求则会调用 doPost( )方法。

1. 处理超链接请求数据

若只使用 HTML 发送超链接请求，方式比较单一，传递参数值是被写死的，并且只能使用 GET 方法发送请求。如果不使用 JavaScript，则超链接还是作为一个页面跳转按钮比较合适。

超链接形式的数据请求语法格式如下：

```
<a href="URL 地址?参数=参数值[&参数=参数值...]">链接文本</a>
```

示例代码如下：

```
<body>
    <a href="LinkRequestServlet?pageNo=2&queryString=IMNU">下一页</a>
</body>
```

链接地址中的"LinkRequestServlet"表示请求地址；"pageNo"表示请求参数；"2"表示 pageNo 请求参数的值；"&"表示多个参数间的关联符；"queryString"表示另一个请求参数；"IMNU"表示 queryString 请求参数的值。

当用户通过超链接发送的请求到达 Servlet 容器时，包含数据的请求将被容器转换为 HttpServletRequest 对象。对请求数据的处理工作便由 HttpServletRequest 对象完成。

HttpServletRequest 对象常用的数据处理方法有以下几种。

1）public String getParameter(String name)：返回由 name 指定的用户请求参数的值。

2）public String[] getParameterValues(String name)：返回由 name 指定的一组用户请求参数的值。

3）public Enumeration getParameterNames( )：返回所有用户请求的参数名。

超链接请求示例代码（jsp 代码）如下：

```
<a href="servlet/TestServlet?name_user=aaa&name_pwd=bbb">超链接请求
</a>
```

Java 数据接收代码如下：

```
String username=request.getParameter("name_user");
String password=request.getParameter("name_pwd");
```

2. 处理 Form 表单请求数据

使用 HTML 提交表单时，较简单、易操作，依靠在<form>标签对中的<input type='submit'>提交按钮进行请求发送和参数提交。其中，<form>标签的 post 属性决定提交方式是 GET 还是 POST。

Form 表单数据请求的语法格式如下。

```
<form action="URL" method="GET/POST" enctype="application/x-www-
form-urlencoded 或 multipart/form-data">
    <input type="text" name="username"/>
    <input type="submit"/>
</form>
```

以下是一个表单的数据处理示例。

```
<form action="FormRequestServlet" method="POST">
    <p>用户名：<input name="username" type="text"></p>
    <p>密  码：<input name="password" type="password"></p>
    <p>信息来源：<input name="channel" type="checkbox" value="网络">网络
        <input name="channel" type="checkbox" value="报纸">报纸
        <input name="channel" type="checkbox" value="亲友">亲友
    </p>
    <p>
        <input type="submit" value="提交"/>
        <input type="reset" value="重置"/>
    </p>
</form>
```

FormRequestServlet 表示请求服务器端的 Servlet 地址，method 表示请求类型，username、password、channel 表示请求参数，submit 表示提交按钮。

Form 表单在 enctype 属性缺省或取值为 application/x-www-form-urlencoded 的情况下，无论是 GET 请求类型还是 POST 请求类型，均通过 HttpServletRequest 对象来获取请求数据。

Form 表单请求数据示例代码（jsp 代码）如下：

```
<form action="servlet/testServlet" method="post" name="test_form">
    账号:<input type="text" name="name_user" id="id_user">
    密码:<input type="password" name="name_pwd" id="id_pwd">
    <input type="submit" value="提交表单">
</form>
```

Servlet 或 action 根据 name 属性获取提交的参数，示例代码（Java 代码）如下：

```
String username=request.getParameter("name_user");
String password=request.getParameter("name_pwd");
```

客户端向服务器请求数据的方式有两种：超链接和 Form 表单。超链接一般用于获取/查询资源信息，属于 GET 请求类型，请求的数据会附在 URL 之后，以?分隔 URL 和传输数据，参数之间使用&连接。由于其安全性（如请求数据会以明文显示在地址栏中）及请求地址的长度限制，一般仅用于传送一些简单的数据。Form 表单一般用于更新资源信息，默认使用 GET 请求类型，多使用 POST 请求类型。由于 POST 请求类型理论上没有数据大小限制，因此可以使用表单来传送大量的数据；HttpServletRequest 接口使用 getParameter( )或 getParameterValues( )方法来获取使用 GET 请求或 POST 请求方式传送过来的请求数据。

5.3.2 **请求转发和重定向**

Servlet 在对客户端请求的数据处理完成后，会向客户端返回相应的响应结果。响应结果可以是由当前 Servlet 对象的 PrintWriter 输出流直接输出到页面上的信息，也可以是一个新的 URL 地址对应的信息。这个地址可以是 HTML、JSP、Servlet 或是其他形式的 HTTP 地址。在 Servlet 中可以通过两种主要方式完成对新 URL 地址的转向，即重定向和请求转发。

1. 重定向

重定向是指由原请求地址重新定位到某个新地址。原有的请求失效，客户端看到的是新的请求返回的响应结果，客户端浏览器地址栏中变为新的请求地址。一个由请求 Servlet A 到 Servlet B 的重定向过程如图 5-5 所示。

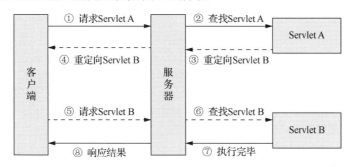

图 5-5 重定向过程

从图 5-5 的重定向过程可以看出，整个重定向过程客户端和服务器会经过两次请求和两次响应，其中第二次请求由客户端自动发起。

重定向是通过 HttpServletResponse 对象的 sendRedirect( ) 方法实现的，该方法会通知客户端去重新访问新指定的 URL 地址，其语法格式如下：

```
public void sendRedirect(String location)throws java.io.IOException
```

其中，location 参数用以指定重定向的 URL，它可以是相对路径或绝对路径。例如：

```
response.sendRedirect("/chapter02/index.jsp");
```

表示重定向到当前应用程序（chapter02）的根目录下的 index.jsp 页面。

sendRedirect( ) 方法不仅可以重定向到当前应用程序中的其他资源，还可以重定向到同一个站点上的其他应用程序中的资源，甚至是使用绝对 URL 重定向到其他站点的资源。其示例代码如下：

```
//RedirectServlet.java
@WebServlet("/RedirectServlet")
public class RedirectServlet extends HttpServlet {
    protected void doGet(HttpServletRequet request, HttpServletResponse
response) throws ServletException, IOException {
    System.out.println("重定向前");
    //进行重定向
    response.sendRedirect(request.getContextPath()+"/ResultServlet");
    System.out.printIn("重定向后");
    }
}
```

上述代码中，request.getContextPath( )方法用来获取当前站点地址/chapter02，/ResultServlet 是 ResultServlet 通过@WebServlet 注解声明的访问地址。ResultServlet 的代码如下。

```
//ResultServlet.java
@WebServlet("/ResultServlet")
public class ResultServlet extends HttpServlet {
    protected void doGet(HttpServletRequet request, HttpServletResponse
response) throws ServletException, IOException {
    //设置响应客户端的文本类型为HTML
    response.setContentType("text/html;charset=UTF-8");
    //获取输出流
    PrintWriter out=response.getWriter();
    //输出响应结果
    out.println("<p>重定向和请求转发的结果页面</p>");
    }
}
```

启动服务器，在客户端浏览器中访问 http://localhost:8080/chapter02/RedirectServlet，在浏览器页面会看到输出重定向和请求转发的结果页面内容，浏览器地址栏中的地址变成了重定向后的地址 http://localhost:8080/chapter02/ResultServlet，响应结果为重定向后 ResultServlet 输出的页面信息。

2. 请求转发

请求转发是指将请求再转发到其他地址，转发过程中使用的是同一个 request 请求，转发后浏览器地址栏中的内容不变。如图 5-6 所示为由请求 Servlet A 到 Servlet B 的转发运行过程。

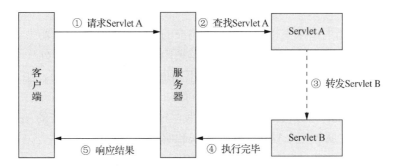

图 5-6　请求转发运行过程

请求转发的过程发生在服务器内部，对客户端是透明的。服务器只能从当前应用内部查找相应的转发资源，而不能转发到其他应用的资源。

请求转发使用 RequestDispatcher 接口中的 forward( )方法来实现，该方法可以把请求转发给另外一个资源，并让该资源对此请求进行响应。

RequestDispatcher 接口有以下两个方法。

1）forward( )方法：将请求转发给其他资源。

2）include( )方法：将其他资源并入当前请求。

请求转发的语法格式如下：

```
RequestDispatcher dispatcher=request.getRequestDispatcher(String
path);
        dispatcher.forward(ServletRequest request,ServletResponse response);
```

其中，path 参数用以指定转发的 URL，只能是相对路径；request 和 response 参数取值为当前请求所对应的 HttpServletRequest 和 HttpServletResponse 对象。请求转发示例如下，表示请求转发到当前项目站点的根目录下的 index.jsp 页面。

```
RequestDispatcher  dispatcher=request.getRequestDispatcher("/index.
jsp").forward(request, response);
```

3. 重定向和请求转发的区别

重定向和请求转发都可以让浏览器获得另外一个 URL 所指向的资源，但两者的内部运行机制有很大的区别。

转发只能将请求转发给同一个 Web 应用中的组件；而重定向不仅可以重定向到当前应用程序中的其他资源，还可以重定向到同一个站点上的其他应用程序中的资源，或者重定向到其他站点的资源。

重定向的访问过程结束后,浏览器地址栏中显示的 URL 会发生改变,由初始的 URL 地址变成重定向的目标 URL；而请求转发过程结束后，浏览器地址栏中保持初始的 URL

地址不变。

重定向对浏览器的请求直接做出响应，响应的结果就是告诉浏览器去重新发出对另外一个 URL 的访问请求；请求转发在服务器端内部将请求转发给另外一个资源，浏览器只知道发出了请求并得到了响应结果，并不知道在服务器程序内部发生了转发行为。

请求转发调用者与被调用者之间共享相同的 request 对象和 response 对象，它们属于同一个访问请求和响应过程；而重定向调用者与被调用者使用各自的 request 对象和 response 对象，它们属于两个独立的访问请求和响应过程。

5.4　Servlet 的核心接口

Servlet 体系中有 5 个核心接口：①Servlet 接口；②ServletConfig 接口，用于获取 Servlet 初始化参数和 ServletContext 对象；③ServletContext 接口，代表当前的 Servlet 运行环境，Servlet 可以通过 ServletContext 对象来访问 Servlet 容器中的各种资源；④HttpServletRequest 接口，用于封装 HTTP 请求信息；⑤HttpServletResponse 接口，用于封装 HTTP 响应消息。Servlet 的核心接口如图 5-7 所示。

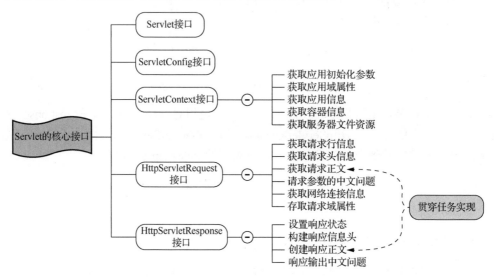

图 5-7　Servlet 的核心接口

5.4.1　ServletConfig 接口

在 Servlet 接口的 init( )方法中有一个参数 ServletConfig，这个参数类型是一个接口，里面是一些在 web.xml 中对当前 Servlet 类的配置信息。Servlet 规范将 Servlet 的配置信

息全部封装到了 ServletConfig 接口对象中。在 Tomcat 调用 init( )方法时，首先会将
web.xml 中当前 Servlet 类的配置信息封装为一个对象。这个对象的类型实现了
ServletConfig 接口，Web 容器会将这个对象传递给 init( )方法中的 ServletConfig 参数。

javax.servlet.ServletConfig 接口的定义如下：

```
public abstract interface javax.servlet.ServletConfig
```

容器在初始化一个 Servlet 时，将为该 Servlet 创建一个唯一的 ServletConfig 对象，
并将这个 ServletConfig 对象通过 init(ServletConfig config)方法传递并保存在此 Servlet
对象中。ServletConfig 中的方法如下。

1）getInitParameter( )：获取指定名称的初始化参数值。

2）getInitParameterNames( )：获取当前 Servlet 所有的初始化参数名称。其返回值为
枚举类型 Enumeration。

3）getServletName( )：获取当前 Servlet 中指定的 Servlet 名称。

4）getServletContext( )：获取当前 Servlet 的上下文对象 ServletContext。

以下代码将Servlet的初始化参数在web.xml文件中进行配置，之后通过ServletConfig
对象获取 Servlet 初始化参数。下面是 web.xml 的配置信息。

```
<servlet>
    <servlet-name>HelloServlet</servlet-name>
    <servlet-class>com.qst.chapter03.servlet.HelloServlet</servlet-class>
    <init-param>
        <param-name>url</param-name>
        <param-value>jdbc:oracle:thin:@localhost:1521:orcl</param-value>
    </init-param>
    <init-param>
        <param-name>user</param-name>
        <param-value>qst</param-value>
    </init-param>
    <init-param>
        <param-name>password</param-name>
        <param-value>qst123</param-value>
    </init-param>
</servlet>
```

以下是通过 ServletConfig 对象获取 Servlet 初始化参数的代码。

```
public class HelloServlet extends HttpServlet {
    public void init(ServletConfig config) throws ServletException {
```

```
        String url=config.getInitParameter("url");
        String user=config.getInitParameter("user");
        String password=config.getInitParameter("password");
        try {
            Connection conn=DriverManager.getConnection(url, user,
password);
        } catch (SQLException e) {
            e.printStackTrace();
        }
    }  ...
    }
```

在实际应用中，经常会遇到一些随需求不断变更的信息，如数据库的连接地址、账号、密码等，若将这些信息硬编码到 Servlet 类中，则信息的每次修改都将使 Servlet 重新编译，这将大大降低系统的可维护性。这时就可以使用 Servlet 的初始参数配置来解决这类问题。

5.4.2 ServletContext 接口

Web 容器在启动时，它会为每个 Web 应用程序都创建一个对应的 ServletContext 对象，ServletContext 对象包含 Web 应用中所有 Servlet 在 Web 容器中的一些数据信息。ServletContext 随着 Web 应用的启动而创建，随着 Web 应用的关闭而销毁。一个 Web 应用只有一个 ServletContext 对象。

ServletContext 中不仅包含 web.xml 文件中的配置信息，还包含当前应用中所有 Servlet 可以共享的数据。可以这么说，ServletContext 可以代表整个应用，所以 ServletContext 有另外一个名称——application。

ServletConfig 对象中维护了 ServletContext 对象的引用，开发人员在编写 Servlet 时，可以通过 ServletConfig.getServletContext( )方法获得 ServletContext 对象。

javax.servlet.ServletContext 接口的定义如下：

```
    public abstract interface javax.servlet.ServletContext
```

ServletContext 中的方法如下。

1）String getInitParameter( )：获取 web.xml 文件中指定名称的上下文参数值。

2）Enumeration getInitParameterNames( )：获取 web.xml 文件中所有的上下文参数名称。其返回值为枚举类型 Enumeration。

3）void setAttribute(String name, Object object)：在 ServletContext 的公共数据空间（也称域属性空间）中，放入数据。这些数据对于 Web 应用来说，是全局性的，与整个应用的生命周期相同。当然，放入其中的数据是有名称的，通过名称来访问该数据。

4）Object getAttribute(String name)：从 ServletContext 的域属性空间中获取指定名称的数据。

5）void removeAttribute(String name)：从 ServletContext 的域属性空间中删除指定名称的数据。

6）String getRealPath(String path)：获取当前 Web 应用中指定文件或目录在本地文件系统中的路径。

7）String getContextPath( )：获取当前应用在 Web 容器中的名称。

获得 ServletContext 对象的方法有以下两种。

1）通过 ServletConfig 接口的 getServletContext( )方法获得 ServletContext 对象。

2）通过 GenericServlet 抽象类的 getServletContext( )方法获得 ServletContext 对象，实质上该方法也是调用了 ServletConfig 的 getServletContext( )方法。

ServletContext 接口中提供了以下几种类型的方法。

1）获取应用范围的初始化参数的方法。

2）存取应用范围域属性的方法。

3）获取当前 Web 应用信息的方法。

4）获取当前容器信息和输出日志的方法。

5）获取服务器端文件资源的方法。

在 Web 应用开发中，可以通过 web.xml 配置应用范围的初始化参数，容器在应用程序加载时会读取这些配置参数，并存入 ServletContext 对象中。

Web 应用范围的初始化参数的配置及获取如下。

初始化参数的代码如下：

```
<!-- 初始化参数 -->
<context-param>
    <param-name>MySQLDriver</param-name>
    <param-value>com.mysql.jdbc.Driver</param-value>
</context-param>
<context-param>
    <param-name>dbURL</param-name>
    <param-value>jdbc:mysql:</param-value>
</context-param>
```

创建 Servlet 的代码如下：

```
public class ContextTest01 implements Servlet {
private ServletConfig config;
    @Override
    public void destroy() {
    }
```

```
@Override
public ServletConfig getServletConfig() {
    return this.config;
}
@Override
public String getServletInfo() {
    return null;
}
@Override
public void init(ServletConfig servletConfig) throws ServletException {
    this.config=servletConfig;
}
@Override
public void service(ServletRequest arg0, ServletResponse arg1)
throws ServletException, IOException {
    ServletContext application=this.config.getServletContext();
    System.out.println("ContextTest01:"+application);
    String driver=application.getInitParameter("MySQLDriver");
    System.out.println(driver);
    String contextPath=application.getContextPath();
    System.out.println("contextPath:"+contextPath);
    //文件在硬盘中的绝对路径
    String realPath=application.getRealPath("FirstServlet");
    System.out.println("realPath:"+realPath);
    //向 ServletContext 中添加属性
    application.setAttribute("admin", "tiger");
    application.setAttribute("password", 123456);
    //删除 password
    application.removeAttribute("password");
}
}
```

ServletContext 对象还包含有关 Web 应用的信息，如当前 Web 应用的根路径、应用的名称、应用组件间的转发，以及容器下其他 Web 应用的 ServletContext 对象等。

Web 应用信息的获取方法如表 5-2 所示。

表 5-2　Web 应用信息的获取方法

方法	方法描述
getContextPath( )	返回当前 Web 应用的根路径
getServletContextName( )	返回 Web 应用的名称，即<web-app>元素中<display-name>元素的值
getRequestDispatcher(String path)	返回一个用于向其他 Web 组件转发请求的 RequestDispatcher 对象
getContext(String uripath)	根据参数指定的 URL 返回当前 Servlet 容器中其他 Web 应用的 ServletContext( ) 对象，URL 必须是以 "/" 开头的绝对路径

ServletContext 接口提供了获取有关容器信息和向容器输出日志的方法，如表 5-3 所示。

表 5-3　ServletContext 接口获取容器信息和输出日志的方法

方法	方法描述
getServerInfo( )	返回 Web 容器的名称和版本
getMajorVersion( )	返回 Web 容器支持的 Servlet API 的主版本号
getMinorVersion( )	返回 Web 容器支持的 Servlet API 的次版本号
log(String msg)	用于记录一般的日志
log(String message,Throwable throw)	用于记录异常的堆栈日志

ServletContext 接口可以直接访问 Web 应用中的静态内容文件，如 HTML、GIF、Properties 文件等，同时还可以获取文件资源的 MIME 类型及其在服务器中的真实存放路径。ServletContext 接口获取 Web 应用静态内容的方法如表 5-4 所示。

表 5-4　ServletContext 接口获取 Web 应用静态内容的方法

方法	方法描述
getResourceAsStream(String path)	返回一个读取参数指定的文件的输入流，参数路径必须以 "/" 开头
getResource(String path)	返回由 path 指定的资源路径对应的一个 URL 对象，参数路径必须以 "/" 开头
getRealPath(String path)	根据参数指定的虚拟路径，返回文件系统中的一个真实的路径
getMimeType(String file)	返回参数指定文件的 MIME 类型

5.4.3　HttpServletRequest 接口

HttpServletRequest 接口继承于 ServletRequest 接口。HttpServletRequest 对象代表客户端的请求，当客户端通过 HTTP 访问服务器时，http 请求头中的所有信息都封装在这个对象中，通过 HttpServletRequest 提供的方法可以获得客户端请求的所有信息。例如，客户端请求的地址如下。

```
http://www.xxxxx.com/about/list?name=zhang&index=4565
```

121

javax.servlet.http.HttpServletRequest 接口的定义如下。

```
public interface HttpServletRequest extends ServletRequest
```

在 Servlet API 中，ServletRequest 接口被定义为用于封装请求的信息，ServletRequest 对象由 Servlet 容器在用户每次请求 Servlet 时创建并传入 Servlet 的 service( )方法中。HttpServletRequest 接口继承了 ServletRequest 接口，是专用于 HTTP 的子接口，用于封装 HTTP 请求信息。在 HttpServlet 类的 service( )方法中，传入的 ServletRequest 对象被强制转换为 HttpServletRequest 对象来进行 HTTP 请求信息的处理。

HttpServletRequest 接口提供了具有如下功能类型的方法。

1）获取请求报文信息（包括请求行、请求头、请求正文）的方法。

2）获取网络连接信息的方法。

3）存取请求域属性的方法。

HttpServletRequest 中的方法如下。

1）getHeader(string name)方法：根据 header 参数名称获取值。

2）getHeaderNames( )方法：获取 header 中的参数名称。

3）getParameterMap( )方法：获取请求参数对应的 map。

4）getParameter(name)方法：根据请求参数的名称获取对应的值。

5）getRemoteAddr( )方法：发送请求的客户端主机的 IP。

6）getScheme( )方法：获取正确的协议，如 HTTP。

7）getServerName( )方法：服务器主机名。

8）getServerPort( )方法：服务器上 Web 应用的访问端口。

9）getContextPath( )方法：获取域名后的斜杆加工程名，也就是上面例子中的/about 部分。

10）getRemoteAddr( )方法：发送请求的客户端主机的 IP。

11）getRequestURI( )方法：将 URL 的域名和尾随的参数截取掉，剩余的那部分就是 URI，即/about/list 部分。

12）getRequestURL( )方法：客户端请求的 URL，不包括参数数据。

13）getMethod( )方法：HTTP 请求的方法名，默认是 GET，也可以指定 PUT 或 POST。

14）getRealPath("/WEB-INF")方法：获取虚拟目录的硬盘实际路径。

通过 HttpServletRequest 的 getHeaderNames( )方法获得所有请求头名称，此方法返回一个 Enumeration（枚举）类型的值。其语法格式如下：

```
public abstract Enumeration getHeaderNames();
```

通过 HttpServletRequest 的 getHeader( )方法根据指定的请求头名称读取对应的请求头信息，如果当前的请求中提供了对应的请求头信息，则返回对应的值，否则返回 null。其语法格式如下：

```
public abstract String getHeader(String headerName);
```

HTTP 请求正文内容为 POST 请求参数名称和值所组成的一个字符串；而对于 GET 请求，其请求参数附属在请求行中，没有请求正文。HTTP 的 POST 请求，主要通过 Form 表单向 Web 服务器端程序提交数据请求的方式实现。

<form> 表单元素的 enctype 属性用于指定浏览器使用哪种编码方式将表单中的数据传送给 Web 服务器，该属性有以下两种取值：application/x-www-form-urlencoded 和 multipart/form-data。

enctype 属性默认的值为 "application/x-www-form-urlencoded"。enctype 属性只有在 <form> 表单向服务器上传文件时设置值为 "multipart/form-data"，并且此属性值只适用于 POST 请求方式。

使用 <form> 表单上传文件的语法格式如下：

```
<form action="服务器端程序地址" method="post" enctype="multipart/form-
data">
        <input name="文件域名称" type="file">
        <input type="submit" value="提交">
</form>
```

从数据流中对请求参数进行解析是非常烦琐的工作，HttpServletRequest 接口并未为 "multipart/form-data" 编码方式提供获取请求参数的特定方法，getParameter( ) 方法仅适用于获取 "application/x-www-form-urlencoded" 编码方式的请求参数。因此，对于 Servlet 中文件上传参数的获取问题，有很多第三方插件厂商提供了很好的产品，如 Apache Commons FileUpload、SmartUpload 等。在 Servlet 3.×版本中提供了 @MultiPartConfig 注解方式很好地解决了这个问题。

出现乱码的原因与客户端的请求编码方式（GET 请求或 POST 请求）及服务器的处理编码方式有关。

POST 请求时，浏览器会按当前显示页面所采用的字符集对请求的中文数据进行编码，而后再以报文体的形式传送给 Tomcat 服务器，服务器端 Servlet 在调用 HttpServletRequest 对象的 getParameter( ) 方法获取参数时，会以 HttpServletRequest 对象的 getCharacterEncoding( ) 方法返回的字符集对其进行解码，而 getCharacterEncoding( ) 方法的返回值在未经过 setCharacterEncoding(charset) 方法设置编码的情况下为 null，这时 getParameter( ) 方法将以服务器默认的 "ISO-8859-1" 字符集对参数进行解码，而 "ISO-8859-1" 字符集并不包含中文，于是造成中文参数的乱码问题。

服务器端 Servlet 在调用 HttpServletRequest 对象的 getParameter( ) 方法前，先调用 setCharacterEncoding(charset) 方法设定与页面请求编码相同的解码字符集是解决乱码问题的关键。

例如，POST 请求的中文请求参数处理代码如下：

```
    protected void doPost(HttpServletRequest request, HttpServletResponse
response) throws ServletException, IOException {
        //设置请求对象的字符编码,编码值与页面请求编码值一致,此处假设为 UTF-8
        request.setCharacterEncoding("UTF-8");
        //获取请求数据
        String username=request.getParameter("username");
        ...
    }
```

GET 请求的乱码问题同样也产生于客户端编码和服务器端解码使用字符集的不一致上。GET 请求参数以"?"或"&"为连接字符附加在 URL 地址后,根据网络标准 RFC1738 规定,只有字母、数字及一些特殊符号和某些保留字,才可以不经过编码直接用于 URL,因此在请求参数为中文时必须先由浏览器进行编码,然后才能发送给服务器。服务器端对 GET 请求参数依照服务器本身默认的字符集进行解码。

在 JSP 页面中,浏览器可以按照下述示例方式指定编码字符集。

```
    <%@ page language="java" contentType="text/html; charset=UTF-8"
pageEncoding="UTF-8"%>
    <!DOCTYPE html PUBLIC "-//W3C//DTD HTML 4.01 Transitional//EN" "http:
//www.w3.org/TR/html4/loose.dtd">
    <html>
    <head>
    <meta http-equiv="Content-Type" content="text/html; charset=UTF-8">
    </head>
```

另外,还可以通过 java.net 包下的 URLEncoder 类的 encode(string,charset)方法对 URL 中的中文字符编码,如下述示例所示:

```
    <a href="LinkRequestServlet?pageNo=2&queryString=<%=java.net.URLEncoder.
encode("java 编程","UTF-8")%>">下一页</a>
```

在服务器端,由于 GET 请求参数是作为请求行发送给服务器的,因此 Servlet 在通过 getParameter( )获取请求参数时,并不能使用 setCharacterEncoding(charset)方法指定的字符集进行解码(可参见 Servlet API 中对此方法的说明),而是依照服务器本身默认的字符集进行解码。

对于 Tomcat 8.0 服务器,其默认的字符集为"UTF-8",因此当客户端浏览器使用的编码字符集也为 UTF-8 时,在 Tomcat 8.0 服务器端获取的参数不会出现乱码。对于浏览器使用其他编码字符集进行编码的情况,可以在服务器的配置文件 server.xml 中设置 Connector 元素的 URIEncoding 属性来指定解码字符集,或设置 useBodyEncodingForURI 属性的值为 true 或 false 来指定是否使用与请求正文相同的字符集。

Tomcat 服务器各版本中默认的 URIEncoding 字符集并不完全相同,如 Tomcat 6 和

Tomcat 7 都默认为"ISO-8859-1"。这类版本中，对于 GET 请求的中文参数必须经处理后才会避免乱码问题，因此在实际开发中，可以尽量避免使用 GET 请求来传递中文参数。

5.4.4 HttpServletResponse 接口

HttpServletResponse 接口是 ServletResponse 的子接口，HttpServlet 类的重载方法 service( )及 doGet( )和 doPost( )等方法都有一个 HttpServletResponse 类型参数：

```
protected void service(HttpServletRequest req, HttpServletResponse
resp)throws ServletException, IOException
```

HttpServletResponse 接口提供了与 HTTP 相关的一些方法，Servlet 可通过这些方法来设置 HTTP 响应头或向客户端写 Cookie。

javax.servlet.http.HttpServletResponse 接口的定义如下：

```
public interface HttpServletResponse extends ServletResponse
```

在 Servlet API 中，ServletResponse 接口被定义为用于创建响应消息，ServletResponse 对象由 Servlet 容器在用户每次请求 Servlet 时创建并传入 Servlet 的 service( )方法中。

HttpServletResponse 接口继承自 ServletResponse 接口，是专用于 HTTP 的子接口，用于封装 HTTP 响应消息。在 HttpServlet 类的 service( )方法中，传入的 ServletResponse 对象被强制转换为 HttpServletResponse 对象来进行 HTTP 响应信息的处理。

HttpServletResponse 中的方法如下。

1）addHeader(String name,String value)：将指定的名称和值加入响应的头信息中。

2）encodeURL(String url)：编码指定的 URL。

3）sendError(int sc)：使用指定状态码发送一个错误到客户端。

4）setDateHeader(String name,long date)：将指定的名称和日期设置为响应的头信息。

5）setHeader(String name,String value)：将指定的名称和值设置为响应的头信息。

6）setStatus(int sc)：给当前响应设置状态码。

7）getOutputStream( )：字节的输出流对象。

8）getWriter( )：字符的输出流对象。

9）sendRedirect( )：对浏览器的请求直接做出响应，响应的结果就是告诉浏览器重新发出对另外一个 URL 的访问请求；方法调用者与被调用者使用各自的 request 对象和 response 对象，它们属于两个独立的访问请求和响应过程。

10）setContentType(String ContentType)：设置响应的 MIME 类型、页面的文本类型，获取或设置输出流的 HTTP MIME 类型。

11）setCharacterEncoding(String charset)：告知服务器使用什么方式进行编码解析。

HttpServletResponse 接口提供了具有如下功能类型的方法。

1）设置响应状态的方法。

2）构建响应头的方法。

3）创建响应正文的方法。

HTTP 响应报文的响应行由报文协议、版本及状态码和状态描述构成。状态码由 3 个十进制数字组成，第一个十进制数字定义了状态码的类型，后两个数字没有分类的作用。

在 Servlet 中，可以通过 HttpServletResponse 的 setHeader( )方法来设置 HTTP 响应消息头，它接收两个参数用于指定响应消息头的名称和对应的值。

例如，设置值是 String 类型的响应消息头的语法格式如下：

```
public abstract void setHeader(String headerName,String headerValue)
```

对于含有整数和日期的消息头，设置方法的语法格式如下：

```
public abstract void setIntHeader(String headerName, int headerValue)
public abstract void setDateHeader(String headerName, long millisecs)
```

常用的 HTTP 响应消息头如表 5-5 所示。

表 5-5 HTTP 响应消息头

响应消息头名称	说明
Server	一种标明 Web 服务器软件及其版本号的头标
Content-Type	返回文档时所采用的 MIME 类型
Transfer-Encoding	表示为了达到安全传输或数据压缩等目的而对实体进行的编码。例如，chunked 编码，该编码将实体分块传送并逐块标明长度，直到长度为 0 块表示传输结束，这在实体长度未知时特别有用（如由数据库动态产生的数据）
Date	发送 HTTP 消息的日期
Content-Encoding	用于说明页面在传输过程中已经采用的编码方式
Content-Length	响应内容的长度，以字节为单位
Expires	特定的一段时间，这段时间后应该将文档看作过期，不应该再继续缓存
Refresh	多少秒后浏览器应该重新载入页面
Cache-Control	用来指定响应遵循的缓存机制，若取值为 no-cache 值则表示阻止浏览器缓存页面
Last-Modified	文档最后被改动的时间。不要直接设置这个报头，而应该使用 getLastModified 方法
Location	浏览器应该重新连接到的 URL。一般无须直接设置这个报头,而是使用 sendRedirect( )方法进行设置
Content-Disposition	通过这个报头，可以请求浏览器询问用户将响应存储到磁盘上给定名称的文件中
Set-Cookie	浏览器应该记下来的 Cookie。不要直接设置这个报头，而应该使用 addCookie
WWW-Authenticate	授权的类型和范围。需要在 Authorization 报头中给出

在 Servlet 中，向客户端输出的响应数据通过输出流对象来完成，HttpServletResponse 接口提供了两个获取不同类型输出流对象的方法。

1）getOutputStream( )：返回字节输出流对象 ServletOutputStream。

2）getWriter( )：返回字符输出流对象 PrintWriter。

ServletOutputStream 对象主要用于输出二进制字节数据。例如,配合 setContentType( )

方法响应输出一个图像、视频等。

PrintWriter 对象主要用于输出字符文本内容，但其内部实现仍是将字符串转换为某种字符集编码的字节数组后再进行输出。

ServletOutputStream 对象虽然也可以输出文本字符，但 PrintWriter 对象更易于完成文本到字节数组的转换。

向 ServletOutputStream 或 PrintWriter 对象中写入数据后，Servlet 容器会将这些数据作为响应消息的正文，然后与响应状态行和各响应头组合成完整的响应报文输出到客户端。同时，在 Servlet 的 service( ) 方法结束后，容器还将检查 getWriter( ) 或 getOutputStream( ) 方法返回的输出流对象是否已经调用过 close( ) 方法，如果没有，那么容器将调用 close( ) 方法关闭该输出流对象。

由于 Java 程序中的字符文本在内存中以 Unicode 编码的形式存在，因此 PrintWriter 对象在输出字符文本时，需要先将它们转换为其他某种字符集编码的字节数组后输出。

PrintWriter 对象默认使用 ISO-8859-1 字符集进行 Unicode 字符串到字节数组的转换，由于 ISO-8859-1 字符集中没有中文字符，因此 Unicode 编码的中文字符被转换为无效的字符编码后输出给客户端，这就是 Servlet 中文输出乱码问题的原因。

ServletResponse 接口中定义了 setCharacterEncoding( )、setContentType( ) 和 setLocale( ) 等方法来指定 ServletResponse.getWriter( ) 方法返回的 PrintWriter 对象所使用的字符集编码。

例如，指定字符集编码的代码如下：

```
response.setCharacterEncoding("UTF-8");
response.setContentType("text/html;charset=UTF-8");
response.setLocale(new java.util.Locale("zh","CN"));
```

setCharacterEncoding( )、setContentType( ) 和 setLocale( ) 这 3 种方法之间的差异分析如下。

1）setCharacterEncoding( ) 方法只能用来设置 PrintWriter 输出流中字符的编码方式。其优先权最高，可以覆盖后面两种方法中的设置。

2）setContentType( ) 方法既可以设置 PrintWriter 输出流中字符的编码方式，也可以设置浏览器接收到这些字符后以什么编码方式来解码。其优先权低于第一种方法，但高于第三种方法。

3）setLocale( ) 方法只能用来设置 PrintWriter 输出流中字符的编码方式。其优先权最低，在已经使用前两种方法中的一个方法设置编码方式后，它将被覆盖而不再起作用。

●●●●●● 本 章 小 结 ●●●●●●

本章介绍了 Servlet 的作用和特点，给出了 Servlet 的体系结构，读者应该深刻理解 Servlet 的生命周期，掌握 Servlet 的创建、声明配置、部署和运行方法，能够编写 Servlet

的数据处理、重定向与请求转发的代码，对 Servlet 的核心接口有进一步的了解。

Servlet 技术是 Java Web 的核心，Servlet 核心接口的设计充分体现了 Java Web 的开发思想，读者应认真体会并加以掌握。一个 Servlet 程序就是一个实现了特殊接口的 Java 类，它由支持 Servlet 的 Web 服务器（具有 Servlet 引擎）调用和启动运行。一个 Servlet 程序负责处理它所对应的一个或一组 URL 地址的访问请求，并用于接收客户端发出的访问请求信息和产生响应内容。

习　题

1．创建 Servlet 的方法有几种？处理 HTTP 请求时最好使用哪种方式？
2．Servlet 的创建需要哪几个步骤？
3．重定向和请求转发有什么区别？

第6章

会话跟踪技术

 学习目标

> 理解 HTTP 的无状态性。
> 了解什么是会话跟踪。
> 了解 Web 开发中会话跟踪技术的几种解决方案。
> 理解 Cookie 技术的会话跟踪原理。
> 掌握 Cookie 对象的创建、主要方法及使用方法。
> 理解 Session 技术的会话跟踪原理。
> 掌握 HttpSession 对象的生命周期和用法。
> 理解 URL 重写技术的会话跟踪原理，掌握 URL 重写技术的使用方法。
> 理解隐藏表单域的会话跟踪原理，了解隐藏表单域的使用方法。

6.1 无状态的 HTTP

无状态协议是指协议对于事务处理没有记忆能力。一方面，缺少状态意味着如果后续处理需要前面的信息，则它必须重传，这样可能导致每次连接传送的数据量增大；另一方面，在服务器不需要先前信息时它的应答就较快。

HTTP 是一种无状态协议，HTTP 采用"连接-请求-应答-关闭连接"模式，对于交互式的 Web 应用，保持状态是非常重要的。一个有状态的协议可以用来帮助在多个请求和响应之间实现复杂的业务逻辑。

无状态是指协议对于事务处理没有记忆功能，对同一个 URL 请求没有上下文关系，每次的请求都是独立的，服务器中没有保存客户端的状态。HTTP 长连接、短连接实质上是 TCP 的长连接、短连接。

长连接省去了较多的 TCP 建立、关闭操作，减少了浪费，节约了时间；短连接对于服务器来说管理较为简单，存在的连接都是有用的连接，不需要额外的控制手段，具体的应用场景采用具体的策略，没有十全十美的选择，只有合适的选择。那为什么 HTTP

会被设计为无状态呢？

　　HTTP 最初设计为无状态是因为其只是用来浏览静态文件的，无状态协议已经足够，也没有其他的负担。随着 Web 的发展，它需要变得有状态，但是不是就要修改 HTTP 使其有状态呢？答案是不需要。首先，我们经常长时间停留在某一个网页，然后才进入另一个网页，如果在这两个页面之间维持状态，代价是很高的。其次，历史让 HTTP 无状态，但是现在对 HTTP 提出了新的要求，软件领域的通常做法是，保留历史经验，在 HTTP 上再加上一层实现我们的目的。所以引入了 Cookie、Session 等机制来实现这种有状态的连接。

6.2　会话跟踪实现

　　在 Java Web 中，从客户端向某一服务器发出第一个请求开始，会话就开始了，直到客户端关闭浏览器会话才结束，在一个会话的多个请求中共享数据，这就是会话跟踪技术。

6.2.1　Cookie 技术

　　Cookie 技术是一种在客户端保持会话跟踪的解决方案。Cookie 是指某些网站为了辨别用户身份而存储在用户终端上的文本信息（通常经过加密）。Cookie 在用户第一次访问服务器时，由服务器通过响应头的方式发送给客户端浏览器；当用户再次向服务器发送请求时会附带上这些文本信息。服务器对第一次客户端请求所响应的含有"Set-Cookie"响应头的响应报文信息，如图 6-1 所示。

```
HTTP/1.1 200 OK
Server: Apache-Coyote/1.1
Set-Cookie: JSESSIONID=144EFED6474EA40DFE7AE585EEC25D47; Path=/chapter04/; HttpOnly
Content-Type: text/html;charset=UTF-8
Content-Length: 317
Date: Tue, 18 Nov 2014 05:28:41 GMT
```

图 6-1　响应头的响应报文信息

客户端再次请求时附带的含有"Cookie"请求头的报文信息，如图 6-2 所示。

```
GET /chapter04/CookieExampleServlet HTTP/1.1
Host: localhost:8080
Connection: keep-alive
Accept: tex/html,application/xhtml-xml,application/xml;q=0.9,image/webp,*/*;q=0.8
User-Agent: Mozilla/5.0 (Windows NT 6.1) AppleWebKit/537.36 (KHTML, like Gecko) Chrome/35.0.1916.114
Referer: http://localhost:8080/chapter04/commonPage.jsp
Accept-Encoding: gzip,deflate,sdch
Accept-Language: zh-CN,zh;q=0.8
Cookie: JSESSIONID=144EFED6474EA40DFE7AE585EEC25D47
```

图 6-2　含有"Cookie"请求头的报文信息

通过 Cookie，服务器在接收到来自客户端浏览器的请求时，能够通过分析请求头的内容而得到客户端特有的信息，从而动态生成与该客户端相对应的内容。

例如，我们在很多登录界面中可以看到"记住我"类似的选项，如果选择该选项，则该网站就会自动记住用户名和密码。另外，一些网站会根据用户的使用喜好，进行个性化的风格设置、广告投放等，这些功能都可以通过存储在客户端的 Cookie 实现。

注意：在使用 Cookie 时，要保证浏览器接受 Cookie。对于 Microsoft Edge 浏览器，其设置方法是，单击浏览器右上角的"设置及其他"按钮，在下拉列表中单击"设置"，在打开的设置页面的左侧单击"Cookie 和网站权限"，之后单击右侧的"管理和删除 cookie 和站点数据"，在下一页中打开"允许站点保存和读取 Cookie 数据（推荐）"。这里 Cookie 的首字母大小写虽然不一致，但是保持了 Microsoft Edge 浏览信息的原貌。

Cookie 对象通过 javax.servlet.http.Cookie 类的构造方法来创建。示例代码如下。

```
Cookie unameCookie=new Cookie("username","zhangshan");
```

其中，Cookie 类的构造方法需要以下两个参数。

1）第一个 String 类型的参数用于指定 Cookie 的属性名。

2）第二个 String 类型的参数用于指定属性值。

HttpServletResponse 对象通过 addCookie( ) 方法，以增加"Set-Cookie"响应头的方式（不是替换原有的）将 Cookie 对象响应给客户端浏览器，存储在客户端机器上。示例代码如下。

```
response.addCookie(unameCookie);
```

其中，参数为一个 Cookie 对象，生成的 Cookie 仅在当前浏览器有效，不能跨浏览器。

存储在客户端的 Cookie，通过 HttpServletRequest 对象的 getCookies( ) 方法获取，该方法返回所访问网站的所有 Cookie 的对象数组，遍历该数组可以获得各个 Cookie 对象。示例代码如下。

```
Cookie[] cookies=request.getCookie();
if(cookies!=null) {
    for(Cookie c : cookies){
        out.println("属性名: "+c.getName());
        out.println("属性值"+c.getValue());
    }
}
```

在默认情况下，Cookie 只能由创建它的应用获取。Cookie 的 setPath( ) 方法可以重新指定其访问路径，如将其设置为在某个应用下的访问路径，或者设置为在同一服务器下所有应用的访问路径。示例代码如下。

```
//设置 Cookie 在某个应用下的访问路径
unameCookie.setPath("/chapter06/jsp/");
//设置 Cookie 在服务器下所有应用的访问路径
unameCookie.setPath("/");
```

Cookie 有一定的存活时间，不会在客户端一直保存。默认情况下，Cookie 保存在浏览器的内存中，在浏览器关闭时失效，这种 Cookie 也称为临时 Cookie（或会话 Cookie）。若要使 Cookie 较长时间地保存在磁盘上，则可以通过 Cookie 对象的 setMaxAge( )方法设置其存活时间，保存在磁盘上的 Cookie 也称为持久 Cookie。

Cookie 对象可以通过 setMaxAge( )方法设置其存活时间，时间以秒为单位：时间若为正整数，表示其存活的秒数；时间若为负数，表示其临时 Cookie；时间若为 0，表示通知浏览器删除相应的 Cookie。

以下代码设置了 Cookie 对象存活时间为 1 周。

```
//设置存活时间为 1 周的持久 Cookie
unameCookie.setMaxAge(7*24*60*60);   //参数以秒为基本单位
```

Cookie 的缺点主要集中在其安全性和隐私保护上，主要包括以下几种。

1）Cookie 可能被禁用，当用户非常注重个人隐私保护时，很可能会禁用浏览器的 Cookie 功能。

2）Cookie 是与浏览器相关的，这意味着即使访问的是同一个页面，不同浏览器之间所保存的 Cookie 也是不能互相访问的。

3）Cookie 可能被删除，因为每个 Cookie 都是硬盘上的一个文件，因此很有可能被用户删除。

4）Cookie 的大小和个数受限，单个 Cookie 保存的数据不能超过 4KB，很多浏览器限制一个站点最多保存 20 个 Cookie。

5）Cookie 安全性不够高，所有的 Cookie 都是以纯文本的形式记录于文件中的，因此当要保存用户名和密码等信息时，最好事先经过加密处理。

6.2.2 Session 技术

HttpSession 接口提供了存取会话域属性和管理会话生命周期的方法，具体如下。

1）void setAttribute(String key,Object value)：以 key/value 的形式将对象保存在 HttpSession 对象中。

2）Object getAttribute(String key)：通过 key 获取对象值。

3）void removeAttribute(String key)：从 HttpSession 对象中删除指定名称 key 所对应的对象。

4）void invalidate( )：设置 HttpSession 对象失效。

5）void setMaxInactiveInterval(int interval)：设置 HttpSession 对象的非活动时间（以秒为单位），若超过这个时间，则 HttpSession 对象将会失效。

6）int getMaxInactiveInterval( )：获取 HttpSession 对象的有效非活动时间（以秒为单位）。

7）String getId( )：获取 HttpSession 对象标识 sessionid。

8）long getCreationTime( )：获取 HttpSession 对象产生的时间，单位是毫秒。

9）long getLastAccessedTime( )：获取用户最后通过这个 HttpSession 对象送出请求的时间。

以下是这些方法的示例代码。

```
//存取会话域属性：
//存储会话域属性"username",值为"QST"
session.setAttribute("username","QST");
//通过属性名"username"从会话域中获取属性值
String uname=(String)session.getAttribute("username");
//通过属性名将属性从会话域中移除
session.removeAttribute("username");
//获取会话的最大不活动时间
int time=session.getMaxInactiveInterval();    //单位为秒
```

会话的最大不活动时间是指会话超过此时间段不进行任何操作，会话自动失效的时间。

HttpSession 对象的最大不活动时间与容器配置有关，对于 Tomcat 容器，默认时间为 1800s。通过 web.xml 设置会话的最大不活动时间的代码如下。

```
<session-config>
    <!--单位为分钟-->
    <session-timeout>10</session-timeout>
</session-config>
```

通过会话对象的 setMaxInactiveInterval( )方法设置会话的最大不活动时间，示例代码如下。

```
session.setMaxInactiveInterval(600);   //单位为秒
```

会话对象除了在超过最大不活动时间时自动失效，也可以通过调用 invalidate( )方法让其立即失效，示例代码如下。

```
//设置会话立即失效
session.invalidate();
```

服务器在执行会话失效代码后，会清除会话对象及其所有会话域属性，同时响应客户端浏览器清除 Cookie 中的 JSESSIONID。

在实际应用中，此方法多用来实现系统的"安全退出"，使客户端和服务器彻底结束此次回话，清除所有会话相关信息，防止会话劫持等黑客攻击。

以下是使用 Session 技术实现用户登录的示例。其分为两个部分：一个是 HTML 页面，用于收集用户名和密码信息；另一个是使用 Servlet 实现数据处理。

```
<body>
    <p>请输入用户名和密码：</p>
    <form id="login" method="post" action="./abc/LoginServlet">
    用户名：<input type="text" name="username"width="100"/><br/>
    密码:<input type="password" name="password"width="100"/><br/>
    <input type="submit" name="登录" value="上交表单">
    </form>
</body>
```

由于上述页面使用 POST 方法提交数据，因此自定义 Servlet 时只需重写 doPost( ) 方法，具体代码如下。

```
    protected void doPost(HttpServletRequest request, HttpServletResponse
response) throws ServletException, IOException {
        //TODO Auto-generated method stub
        response.setContentType("text/html;charset=UTF-8");//设置编码
        PrintWriter out=response.getWriter();//获取输出到网页的对象
        HttpServletRequest requ=(HttpServletRequest)request;
        HttpSession session=requ.getSession();//获取 session
        String uesrValue=(String)session.getAttribute("user");
        //获取 session 存储的属性值
        String params[]=session.getValueNames();
        //获得 session 中所有的属性名
        out.println("session 中参数的个数:"+params.length+"<br/>");
        if(uesrValue==null){//还没有登录过
            String username=request.getParameter("username");
            //从表单中获取用户名
            String password=request.getParameter("password");
            //从表单中获取密码
            out.println("你还未登录<br/>");
            session.setAttribute("user", username);
            //设定 session 中的用户名
            session.setAttribute("password",password);
            //设定 session 中的密码
```

```
        out.println(session.getId());//输出 session ID
    }else{
        String username=(String)session.getAttribute("user");
        //从 session 中获取用户名
        String password=(String)session.getAttribute("password");
        //从 session 中获取密码
        out.println("用户名: "+username+"<br/>");
        out.println("密 码:"+password+"<br/>");
        session.invalidate();//使 session 无效
    }
    out.close();
}
```

Session 具有以下特点。

1）Session 中的数据保存在服务器端。

2）Session 中可以保存任意类型的数据。

3）Session 默认的生命周期是 30min，可以手动设置更长或更短的时间。

6.2.3　URL 重写技术

URL 重写是指服务器程序对接收的 URL 请求重新写成网站可以处理的另一个 URL 的过程。

URL 重写技术是实现动态网站会话跟踪的重要保障。在实际应用中，当不能确定客户端浏览器是否支持 Cookie 时，使用 URL 重写技术可以对请求的 URL 地址追加会话标识，从而实现用户的会话跟踪功能。

例如，对于如下格式的请求地址：

```
http://localhost:8080/chapter06/EncodeURLServlet
```

经过 URL 重写，地址格式变为

```
http://localhost:8080/chapter06/EncodeURLServlet;jsessionid=24666B
B458B4E0A68068CC49A97FC4A9
```

其中，"jsessionid"为追加的会话标识，服务器即通过它来识别跟踪某个用户的访问。

通过 HttpServletResponse 的 encodeURL( )方法和 encodeRedirectURL( )方法实现 URL 重写，encodeURL( )方法可以对任意请求的 URL 进行重写，encodeRedirectURL( ) 方法主要对使用 sendRedirect( )方法的 URL 进行重写。

URL 重写方法根据请求信息中是否包含"Set-Cookie"请求头来决定是否进行 URL 重写，若包含该请求头，则会将 URL 原样输出；若不包含请求头，则会将会话标识重写到

URL 中。

```
//encodeURL()方法的使用
out.print("<a href='"+ response.encodeURL("EncodeURLServlet") +"'>
链接请求</a>">
response.sendRedirect(response.encodeRedirectURL("EncodeURLServlet"))
```

URL 重写技术应用的注意事项如下。

1）如果应用需要使用 URL 重写，那么必须对应用的所有请求（包括所有的超链接、表单的 action 属性值和重定向地址）都进行重写，从而将 jsessionid 维持下来。

2）由于浏览器对 URL 地址长度的限制，因此特别是在对含有查询参数的 GET 请求进行 URL 重写时，需要注意其总长度。

3）由于静态页面不能进行会话标识的传递，因此所有的 URL 地址都必须为动态请求地址。

6.2.4 隐藏表单域

利用 Form 表单的隐藏表单域，可以在完全脱离浏览器对 Cookie 的使用限制，并且在用户无法从页面显示看到隐藏标识的情况下，将标识随请求一起传送给服务器处理，从而实现会话的跟踪。

```
<!-- 在 Form 表单中定义隐藏域 -->
<form action="xx" method="post">
    <input type="hidden" name="userID" value="10010">
    <input type="submit"  value="提交">
</form>
```

在服务器端通过 HttpServletRequest 对象获取隐藏域的值，其代码如下：

```
String flag = request.getParameter("userID");
```

6.3 会话持久化

当一个会话开始时，Servlet 容器会为会话创建一个 HttpSession 对象。Servlet 容器在某些情况下会把这些 HttpSession 对象从内容中转移到永久性存储设备（如文件系统或数据库）中，在需要访问 HttpSession 信息时再把它们加载到内存中，如图 6-3 所示。

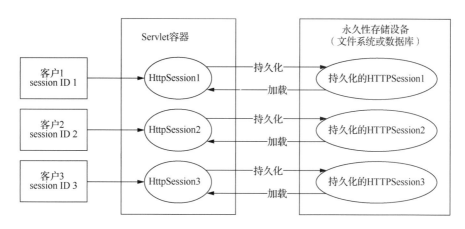

图 6-3　HttpSession 对象的持久化

　　把内存中的 HttpSession 对象保存到文件系统或数据库中，这一过程称为会话的持久化。会话的持久化有以下两个优点。

　　1）节约内存空间。如果把这些对象一直存放在内存中，将消耗大量的内存资源。可以将不活动的 HttpSession 对象转移到文件系统或数据库中，这样可以提高内存的使用率。

　　2）确保服务器重启或单个 Web 应用重启后，能恢复重启前的会话。假设某学生正在网络购书平台上购买图书，他把购买的图书存放在虚拟的购物车中，服务器端把这个包含购书信息的购物车对象保存在 HttpSession 对象中。如果 Web 服务器因故重启，那么内存中的 HttpSession 对象连同客户的购书信息都会丢失。如果服务器能够事先把 HttpSession 对象保存在文件系统或数据库中，那么 Web 服务器恢复功能后，可以重新加载相关购书信息。

　　把 HttpSession 对象保存到文件系统或数据库中，需要使用 Java 语言提供的对象序列化技术。从文件系统或数据库中进行恢复，则需要采用 Java 语言提供的对象反序列化技术。

　　在持久化会话时，Servlet 容器不仅会持久化 HttpSession 对象，还会对其所有可以序列化的属性进行持久化，从而确保存放在会话范围内的共享数据不会丢失。所谓可以序列化的属性，就是指属性所属的类实现了 java.io.Serializable 接口。

●●●●●● 本 章 小 结 ●●●●●●

　　本章介绍了 Web 开发中的会话跟踪技术，读者应理解 HTTP 是一种无状态协议，采用"连接-请求-应答-关闭连接"模式，不会一直与客户端保持联机的状态；理解会话跟踪技术是一种在客户端与服务器间保持 HTTP 状态的解决方案，掌握会话跟踪技术的解决方案，主要有 Cookie 技术、Session 技术、URL 重写技术、隐藏表单域技术；能够在不同场合选择合理的会话跟踪技术实现相应的需求。

习　题

1．下列关于 Cookie 的说法正确的是（　　）。（多选）

    A．Cookie 存储在客户端

    B．Cookie 可以被服务器端程序修改

    C．Cookie 中可以存储任意长度的文本

    D．浏览器可以关闭 Cookie 功能

2．写入和读取 Cookie 的代码分别是（　　）。

    A．request.addCookies( )和 reponse.getCookies( )

    B．reponse.addCookie( )和 request.getCookie( )

    C．reponse.addCookies( )和 request.getCookies( )

    D．reponse.addCookie( )和 request.getCookies( )

3．HttpServletRequest 的（　　）方法可以得到会话。

    A．getSession( )

    B．getSession(boolean)

    C．getRequestSession( )

    D．getHttpSession( )

4．下列选项可以关闭会话的是（　　）。

    A．调用 HttpSession 的 close( )方法

    B．调用 HttpSession 的 invalidate( )方法

    C．等待 HttpSession 超时

    D．调用 HttpServletRequest 的 getSession(false)方法

5．在 HttpSession 中写入和读取数据的方法是（　　）。

    A．setParameter( )和 getParameter( )

    B．setAttribute( )和 getAttribute( )

    C．addAttribute( )和 getAttribute( )

    D．set( )和 get( )

6．什么是会话跟踪技术？

7．会话 Cookie 和持久 Cookie 的区别是什么？

8．Cookie 技术和 Session 技术的区别是什么？

9．何时使用 URL 重写技术？

第 7 章

JSP 技术

 学习目标

- ➤ 掌握 JSP 执行的原理。
- ➤ 掌握 JSP 的语法。
- ➤ 掌握 JSP 访问 JavaBean 的方法。
- ➤ 掌握 EL 表达式语言。
- ➤ 掌握 JSTL 标准标签库的用法。

7.1 JSP 简介

JSP 是 Java Server Page 的缩写，它是 Servlet 的扩展，用来简化网站创建过程和维护动态网站。可以通过静态 HTML 文件、Servlet 和 JSP 向客户端返回 HTML 页面。HTML 文件事先存于服务器的文件系统中，每次通过客户端请求访问得到的内容都是相同的。Servlet 动态生成 HTML 文档，需要开发人员通过编写 Java 程序代码的方式，也就是需要通过 PrintWriter 对象一行一行地生成 HTML 文档的内容，这个过程既烦琐又难以理解。在实际开发过程中，面对庞大并且布局复杂的网页，开发人员的工作效率十分低下，同时极易出错且难以查错和调试。

JSP 吸取了 HTML 与 Servlet 两者的优点并摒弃了它们的缺点，极大地简化了动态生成网页的工作。在传统的 HTML 文件（*.htm、*.html）中插入 Java 程序片段和 JSP 标记，就构成了 JSP 文件。当 Servlet 容器接收到客户端的要求访问特定 JSP 文件时，容器按照以下流程来处理客户端的请求。

1）查找与 JSP 文件对应的 Servlet，如果已经存在，就调用它的服务方法。

2）如果与 JSP 文件对应的 Servlet 不存在，就解析文件系统中的 JSP 文件，把它翻译为 Servlet 源文件，接着把 Servlet 源文件编译为 Servlet 类，然后初始化并运行 Servlet。

一般情况下，将 JSP 翻译为 Servlet 源文件及编译 Servlet 源文件的过程只发生在客户端首次请求 JSP 文件时。如果在 Web 应用处于运行时对原始 JSP 文件进行更新，多数 Servlet 容器能够检测到更新并自动生成新的 Servlet 源文件，之后进行编译运行。如图 7-1 所示为 Tomcat 首次执行 JSP 的过程。

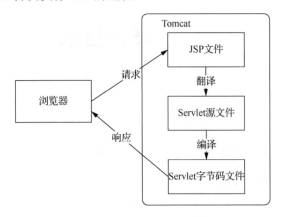

图 7-1　Tomcat 首次执行 JSP 的过程

　　从 Servlet 容器处理 JSP 文件的过程可以看出，JSP 虽然形式上接近 HTML 文件，但它的本质是 Servlet。JSP 中的 Java 程序片段可以完成 Servlet 的相同功能，如动态生成网页、访问数据库、转发请求和 E-mail 相关操作等。虽然 JSP 与 Servlet 能完成相同的功能，但两者在形式上有很大的区别。JSP 中可以嵌入 HTML 标签，Servlet 是纯粹的 Java 代码。形式的不同决定了两者的用途大不一样，各自有着自己的分工。

　　JSP 的出现很好地解决了动态生成 HTML 文档的问题，使前端显示逻辑与业务逻辑有效分离成为可能。一般情况下，由 JSP 负责前端文档的生成（HTML 结构和内容），业务逻辑组件由其他可重用组件完成，如 Servlet 或 JavaBean。Jave Web 的分工示意图如图 7-2 所示。

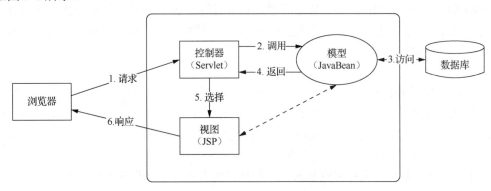

图 7-2　Java Web 的分工示意图

JSP 虽然便于编写动态网页，但是当网页非常复杂时，JSP 文件中大量的 HTML 标签和 Java 代码片段混杂在一起，会为 JSP 网页的可读性和可维护性带来很多困难。因此 JSP 技术的发展目标就是使 JSP 代码变得更加简洁和精炼，通过各种技术手段将 JSP 文件中的代码分离出去，最终使 JSP 文件中只保留 HTML 标签和 JSP 标签。在 JSP 的发展历程中，以下技术都是为了达成以上目标。

1）把 JSP 文件中的 Java 程序放到 JavaBean 中，JSP 文件通过专门的标签来访问 JavaBean。

2）使用 EL（expression language）表达式来替换 "<%=...%>" 和 Java 的表达式。

3）在 JSP 中使用 JSP 标准标签库（Java server pages standarded tag library，JSTL）。下面几节内容将会介绍 JSP 的基本技术和上述的几种技术。

7.2　JSP 基本技术

虽然 JSP 本质上是 Servlet，但是 JSP 的语法与 Java 编程语言仍有所不同。JSP 尽可能地使用标记来替代 Java 程序代码，这样整个 JSP 文件在形式上更像一个标记文档而非 Java 程序文件。JSP 页面就是带有 JSP 元素的常规 Web 页面，它由模板文本和 JSP 元素组成。在一个 JSP 页面中，所有非 JSP 元素的内容称为模板文本（template text）。模板文本可以是任何文本，如 HTML、XML，甚至可以是纯文本。

例如，在 Servlet 类中，可以通过以下 Java 代码引入 Java 包：

```
import java.io.*;
import java.util.Hashtable;
```

而在 JSP 中，可以通过以下 page 指令引入 Java 包：

```
<%@ page import="java.io.*,java.util.Hashtable"%>
```

又如，在 Servlet 类中，通过以下代码可以设置响应正文的类型：

```
Response.setContentType("text/html; charset=UTF-8")
```

而在 JSP 中，可以通过以下 page 指令来设置响应正文的类型：

```
<%@ page contentType="text/html; charset=UTF-8"%>
```

JSP 文件（扩展名为.jsp）中可以直接包含 HTML，也可以包含 JSP 元素。JSP 有 3 种类型的元素，即脚本元素（scripting element）、指令元素（directive element）和动作元素（action element）。

7.2.1 脚本元素

脚本元素允许用户将小段的代码（一般情况下是 Java 代码）添加到 JSP 页面中，如可以加入一个 if 语句，以根据具体情况产生不同的 HTML 代码。脚本元素在页面被请求时执行。

JSP 脚本元素包括脚本代码、表达式、声明和注释。

1. 脚本代码

所谓脚本代码，是指 JSP 中的代码部分，在这个部分中可以使用大多数的 Java 语法。脚本代码的语法格式如下：

```
<% JSP 脚本 %>
```

示例代码如下：

```
<%
    if(Calendar.getInstance().get(Calendar.AM_PM)==Calendar.AM){
%>
    上午好!
<%
    } else {
%>
    下午好!
<%
    }
%>
```

2. 表达式

JSP 中的表达式可以被看作一种简单的输出形式，需要注意的是，表达式一定要有一个可以输出的值。

表达式的语法格式如下：

```
<%= 表达式 %>
```

例如，使用 JSP 表达式显示当前时间，代码如下：

```
<%=(new java.util.Date()).toLocaleString()%>
```

3. 声明

JSP 中的声明用于声明一个或多个变量和方法，并不输出任何的文本到输出流。在声明元素中声明的变量和方法将在 JSP 页面初始化时进行初始化。在声明中的变量和方法相当于与 JSP 对应的 Servlet 类的成员变量和方法。

声明的语法格式如下：

```
<%! JSP 声明 %>
```

例如，声明变量和方法，代码如下：

```
<%! int var1=0; %>
<%! int var2, var3, var4; %>
<%!
    String var5='Hello World!';
    static int var6;
%>
<%!
    public String aMethod(int i) {
        if(i<3) return "i<3";
        else return "i>=3";
    }
%>
```

以上 var1、var2、var3、var4 和 var5 是实例变量，var6 是静态变量。aMethod(int i) 是实例方法。JSP 声明只在当前 JSP 文件中有效，如果多个文件中需要包含这些声明，则可以将这些声明写到一个单独的 JSP 文件中，之后使用 include 指令将这个文件包含进来。

4. 注释

在 JSP 页面中可以使用"<%--...--%>"的方式来注释。服务器编译 JSP 时会忽略"<%--"和"--%>"之间的内容，注释的内容在客户端不会被看到。

注释的语法格式如下：

```
<%-- JSP 注释 --%>
```

7.2.2　指令元素

JSP 指令用来向 JSP 容器提供编译信息。指令并不向客户端产生任何输出，所有的指令都只在当前页面中有效。JSP 指令元素包括以下 3 种。

1. page 指令

page 指令描述了和页面相关的信息，如导入所需的类包、指明输出内容的类型、控制 Session 等。page 指令的属性如表 7-1 所示。page 指令一般位于 JSP 页面的开头部分，在一个 JSP 页面中，page 指令可以出现多次，但是在每个 page 指令中，每一种属性只能出现一次，重复的属性设置将覆盖先前的设置。

page 指令的语法格式如下：

```
<%@page 属性列表 %>
```

示例代码如下：

```
<%@page language="java" contentType="text/html; charset=UTF-8"%>
```

表 7-1　page 指令的属性

属性名	说明
language	设定 JSP 页面使用的脚本语言，默认为 Java 语言，目前只可以使用 Java 语言
import	指定导入的 Java 软件包或类名列表。若有多个类，则中间用逗号隔开
isThreadSafe	指定 JSP 容器执行 JSP 程序的模式，有两种模式：一种为默认值 true，代表 JSP 容器会以多线程方式运行 JSP 页面；另一种模式设定值为 false，JSP 容器会以单线程方式运行 JSP 页面。建议采用 isThreadSafe="true"的模式
contentType	指定 MIME 类型和 JSP 页面响应时的编码方式，默认为 "text/html;charset=ISO-8859-1"
pageEncoding	指定 JSP 文件本身的编码方式，如 pageEncoding="UTF-8"
session	指定 JSP 页面中是否使用 session 对象，值为 true 或 false，默认为 true
errorPage	设定 JSP 页面发生异常时重新指向的页面 URL，指向的页面文件要把 isErrorPage 设为 true
isErrorPage	指定此 JSP 页面是否为处理异常错误的网页，值为 true 或 false，默认为 false
isELIgnored	指定 JSP 页面是否忽略 EL 表达式，值为 true 或 false，默认为 false
buffer	指定输出流是否需要缓冲，默认值是 8KB，与 autoFlush 一起使用，确定是否自动刷新输出缓冲。如果设为 true，则当输出缓冲区满时，刷新缓冲区，而不是抛出一个异常
autoFlush	如果页面缓冲区满时需要自动刷新输出，则设置为 true；否则，当页面缓冲区满时要抛出一个异常，则设置为 false

import 属性用来指定当前 JSP 页面中导入的 Java 软件包或类名列表。如果需要导入多个类或包，可以在中间使用逗号隔开或使用多个 page 指令。

例如，使用 import 属性导入包和类的代码如下：

```
<%@page import="java.util.*,com.qst.ch05.service.CustomerService"%>
```

contentType 属性用于指定 JSP 输出内容的 MIME 类型和字符编码方式，默认值为 contentType="text/html; charset=ISO-8859-1"。通过设置 contentType 属性的 MIME 类型，可以改变 JSP 输出内容的处理方式，从而实现一些特殊的功能。

2．include 指令

include 指令的作用是在页面翻译期间引入另一个文件，被包含的文件可以是 JSP、HTML 或文本文件，属于静态包含。

include 指令的语法格式如下：

```
<%@ include file="被包含组件的绝对 URL 或相对 URL"%>
```

例如，include 指令引入一个 JSP 页面的代码如下：

```
<%@ include file="header.jsp"%>
```

include 指令会先将当前 JSP 和被包含的文件融合到一起形成一个 Servlet，再进行编译执行；因此包含文件时，必须保证新合并生成的文件符合 JSP 语法规则。例如，当前文件和被包含文件不能同时定义同名的变量，否则当前文件将不能编译通过，会提示"Duplicate local variable"错误。

3．taglib 指令

taglib 指令用于指定 JSP 页面所使用的标签库，通过该指令可以在 JSP 页面中使用标签库中的标签。

taglib 指令的语法格式如下：

```
<%@taglib uri="标签库 URI" prefix="标签前缀"%>
```

示例代码如下：

```
<%@taglib uri="http://java.sun.com/jsp/jstl/core" prefix="c"%>
```

对于上述示例指定的标签库，可以使用如下代码进行标签的引用：

```
<c:out value="hello world"/>
```

7.2.3　动作元素

在 JSP 中可以使用 XML 语法格式的一些特殊标记来控制行为，称为 JSP 标准动作。利用 JSP 动作可以实现很多功能，如动态地插入文件、调用 JavaBean 组件、重定向页面、为 Java 插件生成 HTML 代码等。JSP 规范定义了一系列标准动作，常用的有以下几种。

（1）<jsp:include>动作用于在页面被请求时引入一个文件

<jsp:include>用于在页面运行时引入一个静态或动态的页面，也称为动态包含。当容器把 JSP 页面翻译成 Java 文件时，并不会把 JSP 页面中动作指令 include 指定的文件与原 JSP 页面合并成一个新页面，而是告诉 Java 解释器，这个文件在 JSP 运行时才被处

理。<jsp:include>元素如果包含的文件是普通的文本文件，就将文件的内容发送到客户端，由客户端负责显示；如果包含的文件是 JSP 文件，JSP 容器就执行这个文件，然后将执行结果发送到客户端，由客户端负责显示这些结果。

<jsp:include>的语法格式如下：

```
<jsp:include page="被包含组件的绝对 URL 或相对 URL" flush="true">
```

<jsp:include>动作可以包含一个或几个<jsp:param>子动作，用于向要引入的页面传递数据。

```
<jsp:include page="被包含组件的绝对 URL 或相对 URL" flush="true">
    <jsp:param name="name" value="value"/>
    ...
</jsp:include>
```

include 指令元素与 include 动作元素的对比如下。

1）共同点：include 指令元素和 include 动作元素的作用都是实现包含文件代码的复用。

2）区别：对包含文件的处理方式和处理时间不同。

include 指令元素是在翻译阶段就引入所包含的文件，被处理的文件在逻辑和语法上依赖于当前 JSP 页面，其优点是页面的执行速度快。include 动作元素是在 JSP 页面运行时才引入包含文件所产生的应答文本，被包含的文件在逻辑和语法上独立于当前的 JSP 页面，其优点是可以使用 param 子元素更加灵活地处理所需要的文件，缺点是执行速度要慢一些。

（2）<jsp:forward>动作用于把请求转发到另一个页面

<jsp:forward>用于引导客户端的请求到另一个页面或另一个 Servlet。<jsp:forward>动作可以包含一个或几个<jsp:param>子动作，用于向所转向的页面传递参数。

<jsp:forward>的语法格式如下：

```
<jsp:forward page="relativeURLSpec ">
    <jsp:param name="name" value="value"/>
    ...
</jsp:forward>
```

（3）<jsp:useBean>动作用于查找或实例化一个 JavaBean

<jsp:useBean>是 JSP 中一个非常重要的动作，使用这个动作，JSP 可以动态使用 JavaBean 组件来扩充 JSP 的功能，由于 JavaBean 在开发上及<jsp:useBean>在使用上简单明了，使 JSP 与其他动态网页开发技术有了本质的区别。

<jsp:useBean>的语法格式如下：

```
<jsp:useBean id="name" class="className" scope="page|request| session|
```

```
application"/>
```

（4）<jsp:setProperty>动作用于设置 JavaBean 的属性

<jsp:setProperty>动作用于向一个 JavaBean 的属性赋值，需要和<jsp:useBean>动作一起使用。

<jsp:setProperty>的语法格式如下：

```
<jsp:setProperty name="beanName" property="propertyName" value=
"propertyValue"/>
```

或

```
<jsp:setProperty name="beanName" property="propertyName" param=
"parameterName"/>
```

（5）<jsp:getProperty>动作用于输出某个 JavaBean 的属性

<jsp:getProperty>动作用于从一个 JavaBean 中得到某个属性的值，不管原先这个属性是什么类型的，都将被转换成一个 String 类型的值。

<jsp:getProperty>的语法格式如下：

```
<jsp:getProperty name="beanName" property="propertyName"/>
```

7.2.4　隐含对象

Servlet 可以访问由 Servlet 容器提供的 ServletContext、ServletRequest 和 ServletResponse 等对象。在 JSP 的代码片段中，如何访问这些对象呢？在 JSP 中，这些对象都被固定的引用变量引用，无须声明就能直接使用，所以这些对象也被称为隐含对象。表 7-2 所示为隐含对象的引用变量和类型之间的对应关系。

表 7-2　隐含对象的引用变量和类型之间的对应关系

隐含对象的引用变量	隐含对象的类型
request	javax.servlet.HttpServletRequest
response	javax.servlet.HttpServletResponse
pageContext	javax.servlet.jsp.PageContext
application	javax.servlet.PageContext
out	javax.servlet.jsp.JspWriter
config	javax.servlet.ServletConfig
page	java.lang.Object
session	javax.servlet.http.HttpSession
exception	java.lang.Exception

例如，在 JSP 中可以直接通过 request 变量获取 HTTP 请求中的请求参数，代码如下：

```
<%
    String username=request.getParameter("username");
    out.print(username)
%>
```

以上 request 和 out 变量分别引用了 HttpServletRequest 和 JspWriter 对象。out.print(username)也可以替换为"<%=username%>"，代码可以改写为

```
<% String username=request.getParameter("username");%>
<%=username%>
```

7.2.5 JSP 的生命周期

JSP 虽然本质上是 Servlet，但二者具有一定的区别。Servlet 容器运行 JSP 时，首先需要将 JSP 编译成 Servlet 类，然后才能运行它。JSP 的生命周期包括以下几个阶段。

1）解析阶段：Servlet 容器解析 JSP 文件的代码，如果有语法错误，就会向客户端返回错误信息。

2）翻译阶段：Servlet 容器将 JSP 文件翻译成 Servlet 源文件。

3）编译阶段：Servlet 容器编译 Servlet 源文件，生成 Servlet 类。

4）初始化阶段：加载 JSP 对应的 Servlet 类，创建实例，调用初始化方法。

5）运行阶段：调用 JSP 对应的 Servlet 实例的服务方法。

6）销毁阶段：调用 JSP 对应的 Servlet 实例的销毁方法，销毁 Servlet 实例。

在 JSP 的生命周期中，解析阶段、翻译阶段和编译阶段仅发生于以下场合。

1）JSP 文件被客户端首次请求访问。

2）JSP 文件被更新。

3）与 JSP 文件对应的 Servlet 类的类文件被手动删除。

7.2.6 JSP 的异常处理

和普通 Java 程序一样，JSP 在运行时也有可能抛出异常。在出现异常的场合，可以通过以下代码中的指令将请求转发给另一个专门处理异常的网页。

```
<%@ page errorPage="errorPage.jsp" %>
```

上述代码中的 errorPage.jsp 是一个专门的处理异常的网页。在 errorPage.jsp 中，需要通过加入以下代码声明该网页是一个异常处理的网页。

```
<%@ page isErrorPage="true" %>
```

抛出异常的 JSP 文件和处理异常的 JSP 文件之间是请求转发关系，二者可以共享请

求范围内的共享数据。

7.3　JSP 访问 JavaBean

把 Java 程序的代码放到 JavaBean 中，在 JSP 文件中通过简洁的 JSP 标签来访问 JavaBean，这种方式可以简化 JSP 的代码复杂度，提高程序的封装性。

7.3.1　JavaBean 简介

JavaBean 是一种特殊的 Java 类，以封装和重用为目的，在类的设计上遵从一定的规范，以供其他组件根据这种规范来调用。JavaBean 可分为两种：一种是有用户界面（user interface，UI）的 JavaBean，如一些 GUI 组件（按钮、文本框、报表组件等）；另一种是没有用户界面、主要负责封装数据、业务处理的 JavaBean。JSP 通常访问的是后一种 JavaBean。JSP 与 JavaBean 搭配使用，具有以下优势。

1）JSP 页面中的 HTML 代码与 Java 代码分离，便于页面设计人员和 Java 编程人员的分工与维护。

2）使 JSP 更加侧重于生成动态网页，事务处理由 JavaBean 来完成，使系统更趋于组件化、模块化。

一个标准的 JavaBean 需要遵从以下规范。

1）JavaBean 是一个公开的（public）类，以便被外部程序访问。

2）具有一个无参的构造方法（即一般类中默认的构造方法），以便被外部程序实例化时调用。

3）提供 set×××( )方法和 get×××( )方法，以便让外部程序设置和获取其属性。

4）如果需要 JavaBean 被持久化，那么可以实现 java.io.Serializable 接口。

以下代码实现了一个 JavaBean，类名为 StudentBean。在类中定义了两个属性 name 和 age，还定义了相应的访问方法。

```
package cn.edu.imnu.ciec.estore

public class StudentBean {
    private String name;
    private int age;

    public void setName(String name) {
        this.name=name;
    }
```

```
    public void setAge(int age) {
        this.age=age;
    }

    public String getName() {
        return name;
    }

    public int getAge() {
        return age;
    }
}
```

如果将 StudentBean 发布到 estore 应用中，它的存放位置如下：

```
estore/WEB-INF/classes/cn/edu/imnu/ciec/estore/StudentBean.class
```

7.3.2 JSP 访问 JavaBean

在 JSP 网页中，可以通过 Java 程序代码访问 JavaBean，也可以通过特定的 JSP 标签访问 JavaBean。采用特定标签可以使 JSP 页面更加清晰简洁。下面介绍访问 JavaBean 的 JSP 标签。

1. 导入 JavaBean 类

在 JSP 页面中访问 JavaBean，首先要通过<%@page import%>指令引入 JavaBean 类，代码如下：

```
<%@page import="cn.edu.imnu.ciec.StudentBean"%>
```

2. 声明 JavaBean 对象

<jsp:useBean>标签用来声明 JavaBean 对象，代码如下：

```
<jsp:useBean id="student" class="cn.edu.imnu.ciec.StudentBean" scope=
"session"/>
```

上述代码声明了一个名称为"student"的 JavaBean 对象。下面对<jsp:useBean>的属性加以说明。

1）id 属性：id 实际上表示引用 JavaBean 对象的局部变量名，同时也表示存放在特定范围内的属性名。JSP 规范要求存放在所有范围内的每个 JavaBean 对象都有唯一的 id。

2）class 属性：用来指定 JavaBean 的类型名称。指定 class 属性时，必须给出完整的 JavaBean 的类名（包含 package 信息）。

3）scope 属性：用来指定 JavaBean 对象存放的范围，可选值包括 page（页面范围）、request（请求范围）、session（会话范围）和 application（应用范围）。默认值是 page。

以上代码中的<jsp:useBean>标签的处理流程如下。

1）定义一个名为 student 的局部变量。

2）尝试从 scope 指定的会话范围内读取一个名为"student"的属性，并使局部变量 student 引用具体的属性值，即 StudentBean 对象。

3）如果在 scope 指定的会话范围没有一个名为"student"的属性，那么就通过 StudentBean 的默认构造方法创建一个 StudentBean 对象，把它存放在会话范围内，属性名为"student"。局部变量 student 也引用这个 StudentBean 对象。

以上代码中的<jsp:useBean>标签与下面的 Java 代码的功能一致。

```
import cn.edu.imnu.ciec.estore.
...
StudentBean student=null;
student=(StudentBean) session.getAttribute('student');
if(student==null) {
    student=new StudentBean();
    session.setAttribute("student", student);
}
```

3. 访问 JavaBean 属性

JSP 提供了访问 JavaBean 属性的标签，如果要将 JavaBean 的某个属性输出到网页上，可以使用<jsp:getProperty>标签，例如：

```
<jsp:getProperty name="student" property="name">
```

以上代码等价于：

```
<%=student.getName()%>
```

如果要给 JavaBean 的某个属性赋值，可以使用<jsp:setProperty>标签，例如：

```
<jsp:setProperty name="student" property="name" value="张三">
```

以上代码等价于：

```
<% student.setName("张三") %>
```

7.4　EL 表达式语言

7.4.1　EL 简介

EL 表达式语言是在 JSP 2.0 版本中引入的新特性，它用于 JSP 文件中的数据访问。这种表达式语言能简化 JSP 文件中数据访问的代码，可用来替换传统的基于"<%= ... %>"形式的 Java 表达式，以及部分基于"<% ... %>"形式的 Java 程序片段。

EL 在容器默认配置下处于启用状态，每个 JSP 页面也可以通过 page 指令的 isELIgnored 属性单独设置其状态。

EL 表达式语言最大的优点是可以方便地访问 JSP 的隐含对象和 JavaBean 组件，完成使用"<% ... %>"或"<%= ... %>"完成的功能，使 JSP 页面从 HTML 代码中嵌入 Java 代码的混乱结构得以改善，提高了程序的可读性和易维护性。综合概括起来，EL 表达式语言具有如下几个特点。

1）可以访问 JSP 的内置对象（pageContext、request、session、application 等）。

2）简化了对 JavaBean、集合的访问方式。

3）可以对数据进行自动类型转换。

4）可以通过各种运算符进行运算。

5）可以使用自定义函数实现更加复杂的业务功能。

7.4.2　EL 语法

EL 语法格式由"${"开始，由"}"结束，表达式可以是常量、变量，表达式中可以使用 EL 隐含对象、EL 运算符和 EL 函数，语法格式如下：

${表达式}

例如，EL 表达式的示例代码如下：

```
${"hello"}              //输出字符串常量
${23.5}                 //输出浮点数常量
${23+5}                 //输出算术运算结果
${23>5}                 //输出关系运算结果
${23||5}                //输出逻辑运算结果
${23>5?23:5}            //输出条件运算结果
${empty username}       //输出 empty 运算结果
${username}             //输出变量值
```

```
${sessionScope.user.sex}        //输出隐含对象中的属性值
${qst:fun(arg)}                 //输出自定义函数的返回值
```

1. EL 中的常量

EL 中的常量包括布尔常量、整型常量、浮点数常量、字符串常量和 NULL 常量。

1）布尔常量，用于区分事物的正反两面，用 true 或 false 表示，如${true}。

2）整型常量，与 Java 语言中定义的整型常量相同，范围为 Long.MINVALUE～Long.MAXVALUE，如${23E2}。

3）浮点数常量，与 Java 语言中定义的浮点数常量相同，范围为 Double.MINVALUE～Double.MAXVALUE，如${23.5E-2}。

4）字符串常量，是指使用单引号或双引号引起来的一连串字符，如${"你好!"}。

5）NULL 常量，用于表示引用的对象为空，用 null 表示，但在 EL 表达式中并不会输出"null"，而是输出空。例如，${null}，页面什么也不会输出。

2. EL 中的变量

EL 中的变量不同于 JSP 表达式从当前页面中定义的变量进行查找，而是由 EL 引擎调用 PageContext.findAttribute(String)方法从 JSP 的四大作用域范围中查找。例如，${username}，表达式将按照 page、request、session、application 的顺序依次查找名为 username 的属性；假如中途找到，就直接回传，不再继续找下去；假如全部范围内都没有找到，就回传 null。EL 中的变量除要遵循 Java 变量的命名规范外，还要注意不能使用 EL 中的保留字。EL 中的保留字如表 7-3 所示。

表 7-3　EL 中的保留字

保留字	描述	保留字	描述
and	与	ne	不等于
or	或	lt	小于
not	非	gt	大于
empty	清空	le	小于等于
div	相除	ge	大于等于
mod	取模	true	True
instance of	判断对象	false	False
null	Null	—	—

对于常见的对象属性、集合数据的访问，EL 提供了两种操作符：点（"."）操作符和"[]"操作符。

1）"."操作符，与在 Java 代码中一样，EL 表达式也可以使用点操作符来访问对象的某个属性。例如，访问 JavaBean 对象中的属性${productBean.category.name}，其中

productBean 为一个 JavaBean 对象；category 为 productBean 中的一个属性对象；name 为 category 对象的一个属性。

2）"[]" 操作符，与点操作符类似，也用于访问对象的属性，属性需要使用双引号括起来。例如，${productBean["category"]["name"]}。

"[]" 操作符具有以下更加强大的功能。

① 当属性中包含特殊字符，如"."或"-"等并非字母或数字的符号时，要使用"[]" 操作符，如${header["user-agent"]}。

② "[]" 操作符可以访问有序集合或数组中的指定索引位置的某个元素，如 ${array[0]}。

③ "[]" 操作符可以访问 Map 对象的 key 关键字的值，如${map["key"]}。

④ "[]" 操作符和点操作符可以结合使用，如${users[0].username}。

7.4.3 EL 隐含对象

与 JSP 提供的内置对象目的相同，为了更加方便地进行数据访问，EL 表达式也提供了一系列可以直接使用的隐含对象。EL 隐含对象按照使用途径的不同，可以分为与范围有关的隐含对象、与请求参数有关的隐含对象和其他隐含对象，具体分类如图 7-3 所示。

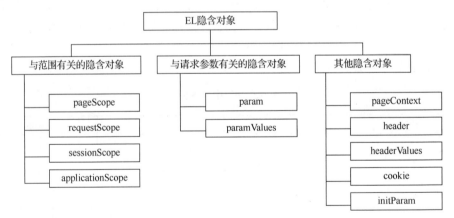

图 7-3　EL 隐含对象分类图

1. 与范围有关的隐含对象

在 JSP 中有 4 种作用域（页面域、请求域、会话域、应用域），EL 表达式针对这 4 种作用域提供了相应的隐含对象用于获取各作用域范围中的属性，各隐含对象的名称及作用如表 7-4 所示。

表 7-4　与范围有关的隐含对象

隐含对象	说明
pageScope	用于获得页面作用范围中的属性值，相当于 pageContext.getAttribute( )
requestScope	用于获得请求作用范围中的属性值，相当于 request.getAttribute( )
sessionScope	用于获得会话作用范围中的属性值，相当于 session.getAttribute( )
applicationScope	用于获得应用程序作用范围中的属性值，相当于 application.getAttribute( )

2. 与请求参数有关的隐含对象

请求参数的获取也是 JSP 开发中常见的操作，EL 表达式对此也提供了相应的隐含对象，如表 7-5 所示。

表 7-5　与请求参数有关的隐含对象

隐含对象	说明
param	用于获得请求参数的单个值，相当于 request.getParameter( )
paramValues	用于获得请求参数的一组值，相当于 request.getParameterValues( )

3. 其他隐含对象

EL 表达式语言提供的其他隐含对象，如表 7-6 所示。

表 7-6　其他隐含对象

隐含对象	说明
pageContext	相当于 JSP 页面中的 pageContext 对象，用于获取 ServletContext、request、response、session 等其他 JSP 内置对象
header	用于获得 HTTP 请求头中的单个值，相当于 request.getHeader(String name)
headerValues	用于获得 HTTP 请求头中的一组值，相当于 request.getHeaders(String name)
cookie	用于获得指定的 Cookie
initParam	用于获得上下文初始参数，相当于 application.getInitParameter(String name)

7.4.4　EL 运算符

EL 表达式语言中定义了用于执行各种算术、关系、逻辑和条件运算的运算符。

1. 算术运算符

EL 表达式语言中的算术运算符如表 7-7 所示。

表 7-7　EL 表达式语言中的算术运算符

算术运算符	说明	示例	结果
+	加	${23+5}	28
−	减	${23−5}	18
×	乘	${23×5}	115
/或 div	除	${23/5}或${23div5}	4.6
%或 mod	取余	${23%5}或${23mod5}	3

需要注意的是，在除法运算中，操作数先被强制转换为 Double 型，然后进行相除运算。

2. 关系运算符

EL 表达式语言中的关系运算符如表 7-8 所示。

表 7-8　EL 表达式语言中的关系运算符

关系运算符	说明	示例	结果
==或 eq	等于	${23==5}或${23 eq 5}	false
!=或 ne	不等于	${23!=5}或${23 ne 5}	true
<或 lt	小于	${23<5}或${23 lt 5}	false
>或 gt	大于	${23>5}或${23 gt 5}	true
<=或 le	小于等于	${23<=5}或${23 le 5}	false
>=或 ge	大于等于	${23>=5}或${23 ge 5}	true

3. 逻辑运算符

EL 表达式语言中的逻辑运算符如表 7-9 所示。

表 7-9　EL 表达式语言中的逻辑运算符

逻辑运算符	说明	示例	结果
&& 或 and	逻辑与	${true && true}或${true and true}	true
|| 或 or	逻辑或	${true||false}	true
! 或 not	逻辑非	${!true}或${not true}	false

4. 条件运算符

EL 表达式语言中的条件运算符的格式为 A?B:C，表示根据表达式 A 的结果选择执行 B 或 C。首先将表达式 A 的计算结果转换为 Boolean 类型，如果表达式 A 的计算结果为 true，则执行 B，否则执行 C。

5. empty 运算符

empty 运算符是一个前缀操作符，用于检测一个值是否为 null 或空，运算结果为 Boolean 类型。empty 运算符有一个操作数，可以是变量或表达式。

6. 运算符的优先级

运算符的优先级如表 7-10 所示，优先级从上到下依次降低。

表 7-10   运算符的优先级

优先级	运算符
1	[]
2	()
3	-(取负数)、not、!、empty
4	*、/、div、%、mod
5	+、-
6	<、>、<=、>=、lt、gt、le、ge
7	==、!=、eq、ne
8	&&、and
9	||、or
10	?:

在实际应用中，一般不需要记忆此优先级，而应尽量使用"()"使表达式清晰易懂。

7.5   JSP 标准标签库

7.5.1   JSTL 简介

JSTL（Java server pages standard tag library，JSP 标准标签库）是由 Apache 的 Jakarta 项目组开发的一个标准的通用型标签库，已纳入 JSP 2.0 规范，是 JSP 2.0 重要的特性之一。

JSTL 主要提供一个标准通用的标签函数库给 Java Web 开发人员，标签库同时支持 EL 用于获取数据，Web 开发人员能够利用此标签库取代传统的直接在页面中嵌入 Java 程序的做法，以提高程序的可读性和易维护性。

JSTL 由 5 个功能不同的标签库组成，在 JSTL 规范中为这 5 个标签库（表 7-11）分别指定了不同的 URI，并对标签库的前缀进行了约定。

表 7-11　JSTL 规范中的 5 个标签库

标签库	前缀名称	URI	示例
核心标签库	c	http://java.sun.com/jsp/jstl/core	c:out
I18N 标签库	fmt	http://java.sun.com/jsp/jstl/fmt	fmt:formatDate
SQL 标签库	sql	http://java.sun.com/jsp/jstl/sql	sql:query
XML 标签库	x	http://java.sun.com/jsp/jstl/xml	x:forBach
函数标签库	fn	http://java.sun.com/jsp/jstl/functions	fn:split

核心标签库中包含实现 Web 应用的通用操作的标签。例如，输出变量内容的<c:out>标签、用于条件判断的<c:if>标签、用于循环遍历的<c:forEach>标签等。

I18N 标签库中包含实现 Web 应用程序的国际化的标签。例如，设置 JSP 页面的本地信息、设置 JSP 页面的时区、使本地敏感的数据（如数值、日期）按照 JSP 页面中设置的本地格式进行显示等。

SQL 标签库中包含用于访问数据库和对数据库中的数据进行操作的标签。例如，从数据源中获得数据库连接、从数据库表中检索数据等。由于在实际开发中，多数应用采用分层开发模式，JSP 页面通常仅用作表现层，并不会在 JSP 页面中直接操作数据库，因此此标签库在分层的较大项目中较少使用，在小型不分层的项目中可以通过 SQL 标签库实现快速开发。

XML 标签库中包含对 XML 文档中的数据进行操作的标签。例如，解析 XML 文档、输出 XML 文档中的内容，以及迭代处理 XML 文档中的元素等。

函数标签库由 JSTL 提供一套 EL 自定义函数，包含了 JSP 页面制作者经常要用到的字符串操作，如提取字符串中的子字符串、获取字符串的长度和处理字符串中的空格等。

7.5.2　JSTL 核心标签库

JSTL 的核心标签库包含 Web 应用中最常使用的标签，是 JSTL 中比较重要的标签库。核心标签库中的标签按功能又可细分为以下 4 类。

1）通用标签，用于操作变量。

2）条件标签，用于流程控制。

3）迭代标签，用于循环遍历集合。

4）URL 标签，用于针对 URL 相关的操作。

在 JSP 页面中使用核心标签库，首先需要使用 taglib 指令导入，语法格式如下：

```
<%@taglib  prefix=" 标 签 库 前 缀 "uri="http://java.sun.com/jsp/jstl/
core"%>
```

其中，prefix 属性表示标签库的前缀，可以为任意字符串，通常设置为"c"，注意避免使用一些保留的关键字，如 jsp、jspx、java、servlet、sun、sunw 等；uri 属性用于指定核心标签库的 URI，从而定位标签库描述文件（TLD 文件）。

例如，导入核心标签的代码如下：

```
%@taglib prefix="c" uri="http://java.sun.com/jsp/jstl/core"%
```

1. 通用标签

JSTL 的通用标签按照对变量的不同操作又可分为以下 4 个标签。

1）<c:out>标签。

2）<c:set>标签。

3）<c:remove>标签。

4）<c:catch>标签。

2. 条件标签

JSP 页面中经常需要进行显示逻辑的条件判断，JSTL 提供了以下 4 个条件标签用于取代 JSP 的脚本代码。

1）<c:if>标签。

2）<c:choose>标签。

3）<c:when>标签。

4）<c:otherwise>标签。

3. 迭代标签

数据的迭代操作是 JSP 开发中经常使用的操作，JSTL 提供的迭代标签配合 EL 表达式极大地简化了原来使用 Java 脚本 for 循环完成的迭代操作代码。JSTL 中的迭代标签如下。

1）<c:forEach>。

2）<c:forTokens>。

4. URL 相关标签

JSTL 提供了一些与 URL 操作相关的标签，如下。

1）<c:url>。

2）<c:import>。

3）<c:redirect>。

●●●●●● 本 章 小 结 ●●●●●●

JSP 是一种用于开发包含动态内容的 Web 页面的技术，与 Servlet 一样，也是一种基于 Java 的服务器端技术，主要用来生成动态网页内容。JSP 本质上就是 Servlet，JSP 是首先被翻译为 Servlet 后才编译运行的，所以 JSP 能够实现 Servlet 所能够实现的所有功能。JSP 的执行过程包括"请求-翻译-编译-执行-响应"5 个过程。JSP 有 3 种类型的元素：脚本元素、指令元素和动作元素。

EL 表达式语言是一种简单的语言，可以方便地访问和处理应用程序数据，而无须使用 JSP 脚本元素或 JSP 表达式。EL 隐含对象按照使用途径的不同，可以分为与范围有关的隐含对象、与请求参数有关的隐含对象和其他隐含对象。与范围有关的隐含对象包括 pageScope、requestScope、sessionScope、applicationScope，与请求参数有关的隐含对象包括 param、paramValues，其他隐含对象有 pageContext、header、headerValues、cookie、initParam。EL 表达式语言中定义了用于执行各种算术、关系、逻辑和条件运算的运算符。

JSTL 主要提供一个标准通用的标签函数库给 Java Web 开发人员，同时标签库支持 EL 用于获取数据，Web 开发人员能够利用此标签库取代传统的直接在页面中嵌入 Java 程序的做法，以提高程序的可读性和易维护性。JSTL 由 5 个不同功能的标签库组成：核心标签库、I18N 标签库、SQL 标签库、XML 标签库、函数标签库。

习　题

1．Servlet 与 JSP 的区别和各自的优势是什么？
2．简述 JSP 的执行过程。
3．JSP 页面由哪些元素构成？
4．JSP 的 include 指令元素和<jsp:include>动作元素有什么异同？
5．什么是内置对象？
6．JSP 有哪些内置对象？
7．JSP 有哪几种作用域？
8．在 JSP 中如何使用 JavaBean？

第8章

过滤器和监听器

 学习目标

➢ 了解过滤器的生命周期。
➢ 掌握过滤器的使用方法。
➢ 掌握监听器的使用方法。

8.1 过 滤 器

8.1.1 过滤器简介

过滤器（filter）也称为拦截器，是 Servlet 2.3 规范新增的功能，在 Servlet 2.4 规范中得到增强。过滤器是 Servlet 技术中非常实用的技术，Web 开发人员通过过滤器技术，可以在用户访问某个 Web 资源（如 JSP、Servlet、HTML、图片、CSS 等）之前，对访问的请求和响应进行拦截，从而实现一些特殊功能，如验证用户访问权限、记录用户操作、对请求进行重新编码、压缩响应信息等。在 Web 应用中，过滤器所处的位置如图 8-1 所示。

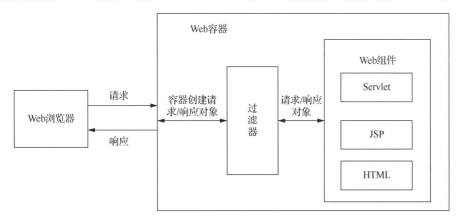

图 8-1 过滤器所处的位置

当用户的请求到达指定的网页之前，可以借助过滤器来改变这些请求的内容，此过程也称为"预处理"。在执行结果响应到用户之前，可以经过过滤器修改响应输出的内容，此过程称为"后处理"。

一个过滤器的运行过程可以分解为以下几个步骤。

1）容器判断接收的请求资源是否有与之匹配的过滤器，如果有，则容器将请求交给相应的过滤器进行处理。

2）在过滤器预处理过程中，可以改变请求的内容，或者重新设置请求的报头信息，然后将请求发给目标资源。

3）目标资源对请求进行处理后做出响应。

4）容器将响应转发回过滤器。

5）在过滤器后处理过程中，可以根据需求对响应的内容进行修改。

6）Web 容器将响应发送回客户端。

在一个 Web 应用中，也可以部署多个过滤器，这些过滤器组成了一个过滤器链。过滤器链中的每个过滤器负责特定的操作和任务，客户端的请求可以在这些过滤器之间进行传递，直到达到目标资源。例如，一个由两个过滤器组成的过滤器链的过滤过程如图 8-2 所示。

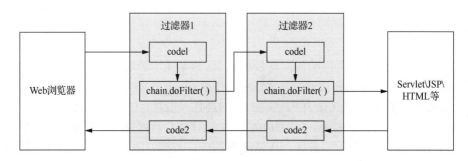

图 8-2　过滤器链的过滤过程

过滤器的实现主要依靠以下核心接口。

1）vax.servlet.Filter 接口。

2）vax.servlet.FilterConfig 接口。

3）vax.servlet.FilterChain 接口。

与开发 Servlet 需要实现 Servlet 接口类似，开发过滤器要实现 javax.servlet.Filter 接口，并提供一个公共的不带参数的构造方法。过滤器接口的方法及说明如表 8-1 所示。

表 8-1 过滤器接口的方法及说明

方法	说明
init(FilterConfig config)	过滤器初始化方法。容器在过滤器实例化后调用此方法对过滤器进行初始化，同时向其传递 FilterConfig 对象，用于获得和 Servlet 相关的 ServletContext 对象
doFilter(ServletRequest request,ServletResponse response,FilterChain chain)	过滤器的功能实现方法。当用户请求经过时，容器调用此方法对请求和响应进行功能处理。该方法由容器传入 3 个参数对象，分别用于获取请求对象、响应对象和 FilterChain 对象，请求和响应对象类型分别为 ServletRequest 和 ServletResponse，并不依赖于具体的协议，FilterChian 对象的 doFilter(request,response)方法负责将请求传递给下一个过滤器或目标资源
destroy()	该方法在过滤器生命周期结束前由 Web 容器调用，可用于使用资源的释放
init(FilterConfig config)	过滤器初始化方法。容器在过滤器实例化后调用此方法对过滤器进行初始化，同时向其传递 FilterConfig 对象，用于获得和 Servlet 相关的 ServletContext 对象

8.1.2 过滤器的生命周期

过滤器的生命周期分为 4 个阶段。

1）加载和实例化：Web 容器启动时，会根据@WebFilter 属性 filterName 所定义的类名的大小写拼写顺序，或者 web.xml 中声明的过滤器顺序依次实例化过滤器。

2）初始化：Web 容器调用 init(FilterConfig config)方法来初始化过滤器。容器在调用该方法时，向过滤器传递 FilterConfig 对象。实例化和初始化的操作只会在容器启动时执行，并且只会执行一次。

3）doFilter( )方法的执行：当客户端请求目标资源时，容器会筛选出符合过滤器映射条件的过滤器，并按照@WebFilter 属性 filterName 所定义的类名的大小写拼写顺序，或者 web.xml 中声明的 filter-mapping 的顺序依次调用这些过滤器的 doFilter( )方法。在这个链式调用过程中，可以调用 FilterChain 对象的 doFilter(ServletRequest, ServletResponse)方法将请求传给下一个过滤器（或目标资源），也可以直接向客户端返回响应信息，或者利用请求转发或重定向将请求转到其他资源。需要注意的是，这个方法的请求和响应参数的类型是 ServletRequest 和 ServletResponse，也就是说，过滤器的使用并不依赖于具体的协议。

4）销毁：Web 容器调用 destroy( )方法结束过滤器的生命周期。在这个方法中，可以释放过滤器使用的资源。

8.1.3 过滤器的应用

基于过滤器的核心接口，一个过滤器的开发可以经过以下 3 个步骤。
1）创建过滤器接口实现类。
2）编写过滤器的功能代码。
3）对过滤器进行声明配置。

在 Servlet 3.0 以上版本中，既可以使用@WebFilter 形式的 Annotation 对过滤器进行声明配置，也可以在 web.xml 文件中进行配置。@WebFilter 所支持的常用属性如表 8-2 所示。过滤器的配置除通过@WebFilter 的 Annotation 方式进行配置外，还可以通过 web.xml 文件进行配置，特别对于 Servlet 3.0 之前的版本，只能通过 web.xml 的方式进行配置。

表 8-2 @WebFilter 所支持的常用属性

属性名	类型	是否必需	说明
filterName	String	否	用于指定该过滤器的名称，默认为类名
urlPatterns/value	String[]	是	用于指定该过滤器所拦截的 URL，两个属性相同，但不能同时使用
servletNames	String[]	否	用于指定该过滤器对哪些 Servlet 执行过滤，可指定多个 Servlet 的名称，值是@WebServlet 中的 name 属性的取值或 web.xml 中的取值
dispatcherTypes	DispatcherType	否	用于指定该过滤器对哪种模式的请求进行过滤，支持 REQUEST、FORWARD、INCLUDE、ERROR、ASYNC 这 5 个值的任意组合，默认值为 REQUEST
initParams	WebInitParam[]	否	用于指定该过滤器的一组配置参数
asyncSupport	boolean	否	指定该过滤器是否支持异步操作模式
displayName	String	否	用于指定该过滤器的显示名称
description	String	否	指定该过滤器的描述信息

在 Web 开发中，过滤器是非常重要且实用的技术，其应用非常广泛，以下为几种常见的使用情况。

1）进行统一的认证处理。

2）对用户的请求进行检查和更精确的记录。

3）监视或对用户所传递的参数做前置处理，如防止数据注入攻击。

4）改变图像文件的格式。

5）对请求和响应进行编码。

6）对响应做压缩处理。

7）对 XML 的输出使用 XSLT 来转换。

8.2 监 听 器

8.2.1 监听器简介

在 Web 容器运行过程中，有很多关键点事件，如 Web 应用被启动、被停止、用户会话开始、用户会话结束、用户请求到达、用户请求结束等，这些关键点为系统运行提供支持，但对用户却是透明的。Servlet API 提供了大量监听器接口来帮助开发者实现对 Web 应用内的特定事件进行监听，从而当 Web 应用内的这些特定事件发生时，回调监听器内的事件监听方法来实现一些特殊功能。

Web 容器使用不同的监听器接口来实现对不同事件的监听，常用的 Web 事件监听器接口可分为以下 3 类。

1）与 Servlet 上下文相关的监听器接口。

2）与会话相关的监听器接口。

3）与请求相关的监听器接口。

8.2.2　与 Servlet 上下文相关的监听器

与 Servlet 上下文相关的监听器需要实现的监听器接口如表 8-3 所示。

表 8-3　与 Servlet 上下文相关的监听器需要实现的监听器接口

监听器接口名称	说明
ServletContextListener	用于监听 ServletContext（application）对象的创建和销毁事件
ServletContextAttributeListener	用于监听 ServletContext（application）范围内属性的改变

1）ServletContextListener 接口用于监听 Web 应用程序的 ServletContext 对象的创建和销毁事件。每个 Web 应用对应一个 ServletContext 对象，在 Web 容器启动时创建，在容器关闭时销毁。当 Web 应用程序中声明了一个实现 ServletContextListener 接口的事件监听器后，Web 容器在创建或销毁此对象时就会产生一个 ServletContextEvent 事件对象，然后执行监听器中的相应事件处理方法，并将 ServletContextEvent 事件对象传递给这些方法。在 ServletContextListener 接口中定义了以下两个事件处理方法。

① contextInitialized(ServletContextEvent sce)：当 ServletContext 对象被创建时，Web 容器将调用此方法。该方法接收 ServletContextEvent 事件对象，通过此对象可获得当前被创建的 ServletContext 对象。

② contextDestroyed(ServletContextEvent sce)：当 ServletContext 对象被销毁时，Web 容器调用此方法，同时向其传递 ServletContextEvent 事件对象。

监听器的实现通过以下两个步骤完成。

步骤一：定义监听器实现类，实现监听器接口的所有方法。

步骤二：通过 Annotation 或在 web.xml 文件中声明监听器。

2）ServletContextAttributeListener 接口用于监听 ServletContext（application）范围内属性的创建、删除和修改。Web 容器中声明了一个实现 ServletContextAttributeListener 接口的监听器后，Web 容器在 ServletContext 应用域属性发生改变时就会产生一个 ServletContextAttributeEvent 事件对象，然后调用监听器中的相应事件处理方法。

8.2.3 与会话相关的监听器

与会话相关的监听器需要实现的监听器接口如表 8-4 所示。

表 8-4　与会话相关的监听器需要实现的监听器接口

监听器接口名称	说明
HttpSessionListener	用于监听会话对象 HttpSession 的创建和销毁事件
HttpSessionAttributeListener	用于监听 HttpSession（session）范围内属性的改变

1）HttpSessionListener 接口用于监听用户会话对象 HttpSession 的创建和销毁事件。每个浏览器与服务器的会话状态分别对应一个 HttpSession 对象，每个 HttpSession 对象在浏览器与服务器开始会话时创建，在浏览器与服务器结束会话时销毁。在 Web 应用程序中声明了一个实现 HttpSessionListener 接口的事件监听器后，Web 容器在创建或销毁每个 HttpSession 对象时都会产生一个 HttpSessionEvent 事件对象，然后调用监听器中的相应事件处理方法，同时将 HttpSessionEvent 事件对象传递给这些方法。在 HttpSessionListener 接口中定义了以下两个事件处理方法。

① sessionCreated(HttpSessionEvent se)：当 HttpSession 对象被创建时，Web 容器将调用此方法。该方法接收 HttpSessionEvent 事件对象，通过此对象可获得当前被创建的 HttpSession 对象。

② sessionDestroyed(HttpSessionEvent se)：当 HttpSession 对象被销毁时，Web 容器调用此方法，同时向其传递 HttpSessionEvent 事件对象。

2）HttpSessionAttributeListener 接口用于监听 HttpSession（session）范围内属性的创建、删除和修改。Web 容器中声明了一个实现 HttpSessionAttributeListener 接口的监听器后，Web 容器在 HttpSession 会话域属性发生改变时就会产生一个 HttpSessionAttributeEvent 事件对象，然后调用监听器中的相应事件处理方法。HttpSessionAttributeListener 接口中定义了以下 3 个事件处理方法。

① attributeAdded(HttpSessionAttributeEvent event)：当程序把一个属性存入 session 范围时，Web 容器调用此方法，同时向其传递 HttpSessionAttributeEvent 事件对象。

② attributeRemoved(HttpSessionAttributeEvent event)：当程序把一个属性从 session 范围删除时，Web 容器调用此方法，同时向其传递 HttpSessionAttributeEvent 事件对象。

③ attributeReplaced(HttpSessionAttributeEvent event)：当程序替换 session 范围内的属性时，Web 容器调用此方法，同时向其传递 HttpSessionAttributeEvent 事件对象。

8.2.4 与请求相关的监听器

与请求相关的监听器需要实现的监听器接口如表 8-5 所示。

表 8-5　与请求相关的监听器需要实现的监听器接口

监听器接口名称	说明
ServletRequestListener	用于监听用户请求的产生和结束
ServletRequestAttributeListener	用于监听 ServletRequest（request）范围内属性的改变

1）ServletRequestListener 接口用于监听 ServletRequest 对象的创建和销毁事件。浏览器的每次访问请求分别对应一个 ServletRequest 对象，每个 ServletRequest 对象在每次访问请求开始时创建，在每次访问请求结束后销毁。在 Web 应用程序中声明了一个实现 ServletRequestListener 接口的事件监听器后，Web 容器在创建或销毁每个 ServletRequest 对象时都会产生一个 ServletRequestEvent 事件对象，然后将其传递给监听器中的相应事件处理方法。ServletRequestListener 接口中定义了以下两个事件处理方法。

① requestInitialized(ServletRequestEvent sre)：当 ServletRequest 对象被创建时，Web 容器将调用此方法。该方法接收 ServletRequestEvent 事件对象，通过此对象可以获得当前被创建的 ServletRequest 对象。

② requestDestroyed(ServletRequestEvent sre)：当 ServletRequest 对象被销毁时，Web 容器调用此方法，同时向其传递 ServletRequestEvent 事件对象。

2）ServletRequestAttributeListener 接口用于监听 ServletRequest（request）范围内属性的创建、删除和修改。Web 容器中声明了一个实现 ServletRequestAttributeListener 接口的监听器后，Web 容器在 ServletRequest 请求域属性发生改变时就会产生一个 ServletRequestAttributeEvent 对象，然后调用监听器中的相应事件处理方法。ServletRequestAttributeListener 接口中定义了以下 3 个事件处理方法。

① attributeAdded(ServletRequestAttributeEvent event)：当程序把一个属性存入 request 范围时，Web 容器调用此方法，并向其传递 ServletRequestAttributeEvent 事件对象。

② attributeRemoved(ServletRequestAttributeEvent event)：当程序把一个属性从 request 范围删除时，Web 容器调用此方法，并向其传递 ServletRequestAttributeEvent 事件对象。

③ attributeReplaced(ServletRequestAttributeEvent event)：当程序替换 request 范围内的属性时，Web 容器调用此方法，并向其传递 ServletRequestAttributeEvent 事件对象。

8.2.5 监听器的使用

1）ServletContextListener 接口用于监听 ServletContext 对象的创建和销毁事件。实现了 ServletContextListener 接口的类都可以对 ServletContext 对象的创建和销毁进行监听。

当 ServletContext 对象被创建时，执行 contextInitialized(ServletContextEvent sce)方法；当 ServletContext 对象被销毁时，执行 contextDestroyed(ServletContextEvent sce)方法。

① 创建：服务器启动，针对每一个 Web 应用创建 ServletContext。

② 销毁：服务器关闭前先关闭代表每一个 Web 应用的 ServletContext。

以下代码是一个 MyServletContextListener 类，实现 ServletContextListener 接口，监听 ServletContext 对象的创建和销毁。

```java
package cn.edu.imnu.web.listener;

import javax.servlet.ServletContextEvent;
import javax.servlet.ServletContextListener;

/**
* @ClassName: MyServletContextListener
* @Description: MyServletContextListener 类实现了 ServletContextListener
*               接口,因此可以对 ServletContext 对象的创建和销毁这两个动作进
*               行监听
*/
public class MyServletContextListener implements ServletContextListener {

    @Override
    public void contextInitialized(ServletContextEvent sce) {
        System.out.println("ServletContext 对象创建");
    }

    @Override
    public void contextDestroyed(ServletContextEvent sce) {
        System.out.println("ServletContext 对象销毁");
    }

}
```

要实现监听事件源，必须将监听器注册到事件源上才能够实现对事件源的行为动作进行监听。在 Java Web 中，监听的注册是在 web.xml 文件中进行配置的，代码如下。

```xml
<?xml version="1.0" encoding="UTF-8"?>
<web-app version="3.0"
    xmlns="http://java.sun.com/xml/ns/javaee"
    xmlns:xsi="http://www.w3.org/2001/XMLSchema-instance"
    xsi:schemaLocation="http://java.sun.com/xml/ns/javaee
    http://java.sun.com/xml/ns/javaee/web-app_3_0.xsd">
  <display-name></display-name>
  <welcome-file-list>
    <welcome-file>index.jsp</welcome-file>
```

```
    </welcome-file-list>

    <!-- 注册针对 ServletContext 对象进行监听的监听器 -->
    <listener>
        <description>ServletContextListener 监听器</description>
        <!--实现了 ServletContextListener 接口的监听器类 -->
        <listener-class>cn.edu.imnu.web.listener.MyServletContextListener
        </listener-class>
    </listener>
</web-app>
```

2）HttpSessionListener 接口用于监听 HttpSession 对象的创建和销毁事件。创建一个 Session 时，执行 sessionCreated(HttpSessionEvent se)方法；销毁一个 Session 时，执行 sessionDestroyed(HttpSessionEvent se)方法。

以下代码是一个 MyHttpSessionListener 类，实现 HttpSessionListener 接口，监听 HttpSession 对象的创建和销毁。

```
package cn.edu.imnu.web.listener;

import javax.servlet.http.HttpSessionEvent;
import javax.servlet.http.HttpSessionListener;

/**
* @ClassName: MyHttpSessionListener
* @Description: MyHttpSessionListener 类实现了 HttpSessionListener 接口
*               因此可以对 HttpSession 对象的创建和销毁这两个动作进行监听
*/
public class MyHttpSessionListener implements HttpSessionListener {

    @Override
    public void sessionCreated(HttpSessionEvent se) {
        System.out.println(se.getSession()+"创建了!! ");
    }

    /* HttpSession 的销毁时机需要在 web.xml 中进行配置,如下:
     * <session-config>
            <session-timeout>1</session-timeout>
       </session-config>
       这样配置就表示 session 在 1 分钟之后就被销毁
     */
```

```
    @Override
    public void sessionDestroyed(HttpSessionEvent se) {
        System.out.println("session 销毁了!! ");
    }
}
```

web.xml 文件中的配置如下。

```
<!--注册针对 HttpSession 对象进行监听的监听器-->
  <listener>
      <description>HttpSessionListener 监听器</description>
      <listener-class>cn.edu.imnu.web.listener.MyHttpSessionListener
      </listener-class>
  </listener>
  <!-- 配置 HttpSession 对象的销毁时机 -->
  <session-config>
      <!--配置 HttpSession 对象在 1 分钟之后销毁 -->
      <session-timeout>1</session-timeout>
  </session-config>
```

访问 JSP 页面时，HttpSession 对象就会创建，此时就可以在 HttpSessionListener 观察到 HttpSession 对象的创建过程了。以下代码为 JSP 页面观察 HttpSession 对象创建的过程。

```
<%@ page language="java" import="java.util.*" pageEncoding="UTF-8"%>
<!DOCTYPE HTML>
<html>
  <head>
    <title>HttpSessionListener 监听器监听 HttpSession 对象的创建</title>
  </head>
  <body>
      一访问 JSP 页面,HttpSession 就创建了,创建好的 Session 的 id 是:
      ${pageContext.session.id}
  </body>
</html>
```

3）ServletRequestListener 接口用于监听 ServletRequest 对象的创建和销毁事件。

Request 对象被创建时，监听器的 requestInitialized(ServletRequestEvent sre)方法将会被调用；Request 对象被销毁时，监听器的 requestDestroyed(ServletRequestEvent sre)方法将会被调用。

ServletRequest 域对象创建和销毁的时机如下。

① 创建：用户每一次访问都会创建 Request 对象。

② 销毁：当前访问结束，Request 对象就会被销毁。

以下代码是一个 MyServletRequestListener 类，实现 ServletRequestListener 接口，监听 ServletRequest 对象的创建和销毁。

```
package cn.edu.imnu.web.listener;

import javax.servlet.ServletRequestEvent;
import javax.servlet.ServletRequestListener;

/**
 * @ClassName: MyServletRequestListener
 * @Description: MyServletRequestListener 类实现了 ServletRequestListener
 *               接口,因此可以对 ServletRequest 对象的创建和销毁这两个动作进
 *               行监听
 */
public class MyServletRequestListener implements ServletRequestListener {

    @Override
    public void requestDestroyed(ServletRequestEvent sre) {
        System.out.println(sre.getServletRequest()+"销毁了!! ");

    }

    @Override
    public void requestInitialized(ServletRequestEvent sre) {
        System.out.println(sre.getServletRequest()+"创建了!! ");
    }
}
```

web.xml 文件中的配置如下。

```
<!--注册针对 ServletRequest 对象进行监听的监听器-->
<listener>
  <description>ServletRequestListener 监听器</description>
  <listener-class>cn.edu.imnu.web.listener.MyServletRequestListener
    </listener-class>
</listener>
```

4）统计当前在线人数。在 Java Web 应用开发中，有时需要统计当前在线的用户数，可以使用监听器技术来实现。示例代码如下。

```
package cn.edu.imnu.web.listener;
```

```java
import javax.servlet.ServletContext;
import javax.servlet.http.HttpSessionEvent;
import javax.servlet.http.HttpSessionListener;

/**
 * @ClassName: OnLineCountListener
 * @Description: 统计当前在线用户个数
 */
public class OnLineCountListener implements HttpSessionListener {
    @Override
    public void sessionCreated(HttpSessionEvent se) {
        ServletContext context=se.getSession().getServletContext();
        Integer onLineCount=(Integer) context.getAttribute
        ("onLineCount");
        if(onLineCount==null){
            context.setAttribute("onLineCount", 1);
        }else{
            onLineCount++;
            context.setAttribute("onLineCount", onLineCount);
        }
    }

    @Override
    public void sessionDestroyed(HttpSessionEvent se) {
        ServletContext context=se.getSession().getServletContext();
        Integer onLineCount=(Integer) context.getAttribute
        ("onLineCount");
        if(onLineCount==null){
            context.setAttribute("onLineCount", 1);
        }else{
            onLineCount--;
            context.setAttribute("onLineCount", onLineCount);
        }
    }
}
```

●・●・●・●・●・● **本 章 小 结** ●・●・●・●・●・●

　　本章介绍了 Java Web 开发技术中的过滤器和监听器。过滤器是 Servlet 中非常实用的技术，读者应理解过滤器的生命周期，掌握过滤器的编写和配置方法，理解使用过滤器的场景，如验证用户访问权限、记录用户操作、对请求进行重新编码、压缩响应信息等。Web 应用中众多关键点事件可以使用监听器进行捕获，读者应掌握与会话相关和请求相关的监听器，掌握监听器的编写和配置方法，学会使用 Servlet API 提供的大量监听器接口来实现对 Web 应用内的特定事件进行监听，从而当 Web 应用内的这些特定事件发生时，回调监听器内的事件监听方法来实现一些特殊功能。

习　题

1. 以下关于过滤器中访问 Web 应用的 ServletContext 对象的说法，正确的是（　　）。

　　A．过滤器不可以访问 Web 应用的 ServletContext 对象

　　B．调用 FilterConfig 对象的 getServletContext( )方法

　　C．Servlet 容器为过滤器提供了固定变量 application，它引用 ServletContext 对象

　　D．过滤器接口的 getServletContext( )方法返回 ServletContext 对象

2. 关于过滤器，下列说法正确的（　　）。（多选）

　　A．过滤器负责过滤的 Web 组件只能是 Servlet

　　B．过滤器能够在 Web 组件被调用之前检查 ServletRequest 对象，修改请求头和请求正文的内容，或者对请求进行预处理

　　C．所有自定义的过滤器类都必须实现 javax.servlet.Filter 接口

　　D．在一个 web.xml 文件中配置的过滤器可以为多个 Web 应用中的 Web 组件提供过滤

3. 关于过滤器的生命周期，下列说法正确的（　　）。（多选）

　　A．当客户端请求访问的 URL 与为过滤器映射的 URL 匹配时，Servlet 容器将先创建过滤器对象，再依次调用 init( )、foFilter( )和 destory( )方法

　　B．当客户端请求访问的 URL 与为过滤器映射的 URL 匹配时，Servlet 容器将先调用过滤器 doFilter( )方法

　　C．当 Web 应用终止时，Servlet 容器先调用过滤器对象的 destory( )方法，然后销毁过滤器对象

　　D．当 Web 应用启动时，Servlet 容器会初始化 Web 应用的所有过滤器

4．以下属于过滤器接口的 doFilter( )方法的参数类型的是（　　）。（多选）

    A．ServletRequest   B．ServletResponse

    C．FilterConfig   D．FilterChain

5．过滤器是否是单向的过滤过程？

6．监听器的作用是什么？

7．常用的监听器有哪些？

第 9 章

综合项目分析与数据库设计

9.1 项目需求分析

9.1.1 项目简介

大学生对二手交易需求非常强烈，二手产品的供求双方都是庞大的群体。很多学生手中有一些可以继续使用但不再需要的物品，而不少学生却因为所需物品的价格过高无力购买。他们在共同的校园环境中具有相同的学习生活，从而有了相似的消费心理。对于大多数学生来说，被交易的二手物品都是自身需要的，比较集中地体现在几个大类上，如书籍、电子产品、自行车、体育用品等。

同学间的物品买卖方式一般分为几种：同学间口碑相传的交易、校园小型拍卖会、地摊交易、布告大字报栏。这些方式的问题是产品信息传播途径单一，交易必须是在有限的时间内，对作息时间及地点不一致的同学不是很方便。

随着大学生的购买能力增强，他们手中的闲置物品也日益增加。为了方便学生进行二手交易，避免空间和资源的浪费，开发一个大学生在线二手交易市场系统就显得很有意义了。

9.1.2 功能分析

大学生在线二手交易市场系统分为前台管理和后台管理两个部分。

1）前台管理包含以下功能模块。

① 用户注册及登录模块。

② 个人信息中心模块：包括账户充值、个人信息修改、个人信息展示、个人积分明细 4 个子模块。

③ 订单信息管理模块。

④ 购物车管理模块。

⑤ 留言回复管理模块。

⑥ 商品求购模块：包括商品搜索和商品分类搜索两个子模块。

⑦ 商品转让模块。

2）后台管理包含以下功能模块。

① 积分规则管理模块。

② 用户信息管理模块：包括城市信息管理、学校信息管理、院系信息管理 3 个子模块。

③ 商品分类管理模块。

④ 评价管理模块。

⑤ 留言及回复管理模块。

⑥ 网站建议管理模块。

大学生在线二手交易市场系统的功能如图 9-1 所示。

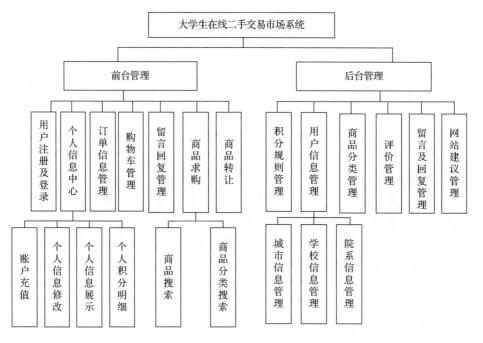

图 9-1　大学生在线二手交易市场系统的功能

9.1.3　部分功能解析

1. 普通用户浏览

1）使用者：普通用户。

2）目的：用户进入系统，进行商品浏览。

3）事件流如下。

① 进入网站首页，本用例开始。

② 查看分类菜单，了解产品展示画面。

③ 查看转让信息及求购信息。

④ 单击商品链接，了解商品详情。

⑤ 若需购买商品，请注册用户。

⑥ 单击"注册"按钮，本用例结束。

2. 注册用户

1）使用者：普通用户。

2）目的：创建注册用户，登录后可进行商品交易。

3）事件流如下。

① 用户进入注册界面，本用例开始。

② 系统提示用户输入相应的注册信息。

③ 用户根据提示输入注册信息。

④ 系统验证用户输入的两次密码一样。

⑤ 用户提交注册信息。

⑥ 系统确认用户输入的注册邮箱未被注册，若正确则进入登录界面，本用例结束；否则，提示重新回到注册界面。

3. 在线支付

1）使用者：注册用户。

2）目的：在线购买商品完成交易。

3）事件流如下。

① 进入购物车界面，单击"支付"按钮，本用例开始。

② 系统接收用户请求并检查用户账户余额大于结算金额，之后提示用户输入支付密码。

③ 用户根据提示输入支付密码。

④ 系统验证用户输入的支付密码与个人信息中心的支付密码一样，之后提示用户支付成功，本用例结束；否则重新输入密码或取消支付。

4. 添加商品类型

1）使用者：管理员。

2）目的：目前商品类型与新的产品不匹配，添加新类型的商品。

3）事件流如下。

① 系统管理员完成登录，进入后台单击添加商品类型超链接，本用例开始。

② 系统提示管理员输入要添加的商品类型名。

③ 管理员根据需求输入。

④ 系统确认管理员输入的商品类型名在已有的商品类型名中不存在，添加成功并提示成功信息，本用例结束。

5. 购物商品评价

1）使用者：注册用户。

2）前置条件：商品交易结束后，订单的状态改变。

3）事件流如下。

① 当订单的交易状态为交易完成时，本用例开始。

② 单击"立即评价"超链接，进入评价界面。

③ 输入评价内容，并提交评价。

④ 提示评价完成，查看订单一览界面，出现立即查看评价提示，本用例结束。

6. 商品模糊检索

1）使用者：注册用户。

2）目的：用户可以在众多的商品中查找自己想要的商品。

3）事件流如下。

① 进入首页商品检索界面，本用例开始。

② 在输入框中输入要添加的商品的关键字。

③ 单击输入框右侧的"搜索"按钮。

④ 出现检索结果界面并显示符合条件的商品图标及信息，本页搜索量饱和就会对商品进行分页显示，此时本用例结束；否则重新输入商品的关键字。

7. 发布新品

1）使用者：注册用户。

2）前置条件：用户登录成功，进入个人管理后台界面。

3）事件流如下。

① 单击发布新品菜单，本用例开始。

② 进入发布新品操作界面，输入商品名称和商品描述。

③ 加载商品的新旧程度列表，可以使用下拉列表展示并选择。

④ 选择是否讲价。如果可以，选择讲价方式。

⑤ 选择送货方式：仅本校或同城。

⑥ 确认价格、联系方式，输入系统，单击"发布"按钮，数据验证合格，本用例结束并可以查看新发布的产品信息。

8. 批量删除购物车商品

1）使用者：注册用户。

2）前置条件：成功登录系统并已添加商品到购物车中，且没有支付。

3）事件流如下。

① 单击首页或个人后台主页的菜单购物车图标，进入购物车界面，本用例开始。

② 查看订单的所有商品，订单操作列是复选框，选择要删除的商品。

③ 若没有选中任何产品的复选框，单击"批量删除"按钮后系统将弹出警告信息。

④ 选中要删除产品的复选框并单击"批量删除"按钮，操作成功后刷新页面，最好使用局部刷新技术（如 Ajax），本用例结束。

9. 添加院系

1）使用者：管理员。

2）前置条件：使用管理员账户和密码登录到系统的后台。

3）事件流如下。

① 单击"系统维护"菜单，进入添加院系界面，本用例开始。

② 选择所在的城市，可使用下拉列表进行选择。

③ 加载数据库中的学校名称，并选择对应的下拉列表值。

④ 在文本框中输入院系的名称并单击"保存"按钮，若提示异常，则根据异常提示信息在本页面修改异常数据；否则，提示保存新院系成功，本用例结束。

10. 发布求购

1）使用者：注册用户。

2）前置条件：使用注册用户账户和密码登录到系统的个人主页界面。

3）事件流如下。

① 进入个人主页发布求购界面，本用例开始。

② 加载系统已有的产品类型，选择个人要求购的产品分类。

③ 输入商品名称、预交易地点、价格、联系方式等基本信息。

④ 单击"求购"按钮，若无异常，则弹出求购成功，本用例结束；否则，重新输入求购信息。

11. 提醒发货

1）使用者：注册用户。

2）前置条件：订单已经提交，支付业务完成，但订单状态为待发货状态。

3）事件流如下。

① 进入个人主页界面，并单击"我的购买"超链接，本用例开始。

② 单击待发货状态一览表，订单状态后会列出新的操作链接——提醒发货。

③ 单击"提醒发货"超链接，修改发货的提醒状态，卖家加载后台后会有未发货物状态提醒标签。

④ 卖家确认当前发货实际状态，如果是商品已发出，状态为系统未更新，立即单击"确认发货"按钮，卖家警告提醒被撤出，卖家订单状态更新为已发货，本用例结束。

12. 重设支付密码

1）使用者：注册用户。

2）前置条件：注册用户，没有使用过支付业务或支付密码要重新设定。

3）事件流如下。

① 打开个人主页界面，单击"个人设置"按钮，选择"支付宝安全设置"菜单，本用例开始。

② 若是第一次设置支付密码，则输入原始密码 000000；若之前设置过密码，则输入旧的支付密码。

③ 输入新的支付密码并确认新密码，保持两次密码一致。

④ 旧、新密码输入完成后，无异常提醒，单击"修改"按钮即修改成功，本用例结束。未修改成功的，请在本页面再次设置直至设置成功。

13. 安全退出

1）使用者：注册用户/管理员。

2）前置条件：注册用户/管理员已使用账户完成登录操作。

3）事件流如下。

① 客户即将离开系统，本用例开始。

② 退出系统并不保留用户登录信息，单击系统右上角的"安全退出"按钮。

③ 系统弹出确认提示框询问是否要真的退出，单击"取消"按钮，不退出；单击"确定"按钮退出。

④ 页面局部刷新，用户登录名消失，本用例结束。

9.1.4 安全性需求

1. 权限控制

根据不同用户角色，设置相应权限，用户的重要操作都做相应的日志记录以备查看，没有权限的用户禁止使用系统。普通用户无法越权操作管理员功能。

2. 重要数据加密

本系统对一些重要的数据按一定的 MD5 加密，如用户口令、重要参数等。

可用性需求

大学生在线二手交易市场系统后台管理模块包括：积分规则管理、用户信息管理、商品分类管理、评价管理、留言及回复管理、网站建议管理。

1）积分规则管理：建立积分管理规则，编写积分管理代码，完成系统中的积分计算，允许管理员后台调整相关数据。

2）用户信息管理模块主要针对用户做出相关操作。用户信息管理还包括城市信息管理、学校信息管理、院系信息管理。这 3 个管理模块相互关联，并作为用户信息的一部分展示。

3）城市信息管理可方便用户选择所在学校，通过城市快速找到就读学校，便于交易。

4）因校园二手商品本身的价值问题，从经济的角度来讲，一般在小范围内进行交易比较合理和划算。在用户注册时，要选择就读的学校。这样也便于网站的管理，可以为每个学校分派管理人员，将责任和权利进行细化，这样便于有效管理。

5）在用户注册时，要选择就读的学校及院系。因为大多数高校是以院系为单位进行管理的，信息更加具体化有助于管理员进行管理。

6）商品分类管理实现对商品进行分类的管理（如校园代步、手机、计算机|硬件|软件、数码产品、运动健身|文体用品、门票|卡券、衣物伞帽、图书教材、租赁、其他等）。同时这部分内容将在首页进行展示，方便用户查询和筛选关注的商品信息。

7）管理员可以查看用户对其所购买二手商品的评价，并且可以对其进行管控，有效地加强网站的管理。

8）管理员可以查看用户对商品的留言及发布者对其的回复，对于这些留言及回复，管理员可根据是否有效进行选择性的变更。

9）网站建议管理模块实现对网友留言管理的功能，帮助网站更好地进行整改。后台管理员可以查询、回复及删除建议，有利于更好地建设和维护网站。

9.2 项目数据库

主要数据表

项目所使用的主要数据表（商品、订单及购物车相关）以 Hibernate 配置文件和 SQL 文件形式给出。

1. 转让商品表：tb_goodsZr

转让商品表的 Hibemate 配置文件如下。

```xml
<hibernate-mapping package="com.second_hand.model">
    <class name="GoodsZr" table="tb_goodsZr">
        <id name="goodsZrId" >
            <generator class="sequence">
            <param name="sequence">seq_gZr_goodsZrId</param>
            </generator>
        </id>
        <property name="praise" type="int"></property>
        <property name="goodsName" type="string"></property>
        <property name="goodsPic" type="string"></property>
        <property name="goodsMsg" type="string"></property>
        <property name="newAndOld" type="string"></property>
        <property name="address" type="string"></property>
        <property name="price" type="float"></property>
        <property name="talkPrice" type="string"></property>
        <property name="phone" type="string"></property>
        <property name="qq" type="string"></property>
        <property name="pubDate" type="string"></property>
        <property name="statu" type="string"></property>
        <property name="tradeType" type="int"></property>
        <!-- 配置外键 departmentInfo 表的主键 departId -->
        <many-to-one name="user" column="userId" lazy="false"> </many-
        to-one>
        <many-to-one name="classes" column="classId" lazy="false">
        </many-to-one>
        <bag name="carList" cascade="all" inverse="true">
            <key column="goodsZrId"></key>
            <one-to-many class="Cart"/>
        </bag>
        <bag name="orderList" cascade="all" inverse="true">
            <key column="goodsZrId"></key>
            <one-to-many class="OrderInfo"/>
        </bag>
        <bag name="commentList" cascade="all" inverse="true" lazy=
            "false">
            <key column="goodsZrId"></key>
            <one-to-many class="Comment"/>
        </bag>
    </class>
</hibernate-mapping>
```

转让商品表的 SQL 文件如下。

```
create table TB_GOODSZR
(
  GOODSZRID    INT(10) not null,
  GOODSNAME    VARCHAR(255),
  GOODSPIC     TEXT,
  GOODSMSG     VARCHAR(255),
  NEWANDOLD    VARCHAR(255),
  TRADETYPE    INT(10),
  ADDRESS      VARCHAR(255),
  PRICE        FLOAT(6,2),
  TALKPRICE    VARCHAR(255),
  PHONE        VARCHAR(255),
  QQ           VARCHAR(255),
  PUBDATE      VARCHAR(255),
  STATU        VARCHAR(255),
  USERID       INT(10),
  CLASSID      INT(10),
  GOODSPICONE VARCHAR(255),
  PRAISE       INT(10)
);
```

2. 购物车表: tb_cart

财物车表的 Hibernate 配置文件如下。

```
<hibernate-mapping package="com.second_hand.model">
  <class name="Cart" table="tb_cart">
    <id name="cartId">
      <generator class="sequence">
      <param name="sequence">seq_cart_cartId</param>
      </generator>
    </id>
    <property name="goodsPicOne" type="string"></property>
    <property name="statu" type="string"></property>
    <!-- 配置外键表的主键 -->
    <many-to-one name="goodsZr" column="goodsZrId" lazy="false">
    </many-to-one>
    <many-to-one name="user" column="userId" lazy="false"></many-
    to-one>
```

```
  </class>
</hibernate-mapping>
```

购物车表的 SQL 文件如下。

```
create table TB_CART
(
  CARTID       INT(10) not null,
  GOODSZRID    INT(10),
  USERID       INT(10),
  GOODSPICONE  VARCHAR(255),
  STATU        VARCHAR(255)
);
```

3. 求购信息表：tb_goodsQg

求购信息表的 Hibernate 配置文件如下。

```
<hibernate-mapping package="com.second_hand.model">
  <class name="GoodsQg" table="tb_goodsQg">
    <id name="goodsQgId" >
      <generator class="sequence">
      <param name="sequence">seq_gQg_goodsQgId</param>
      </generator>
    </id>
    <property name="goodsName" type="string"></property>
    <property name="goodsMsg" type="string"></property>
    <property name="address" type="string"></property>
    <property name="price" type="float"></property>
    <property name="phone" type="string"></property>
    <property name="qq" type="string"></property>
    <property name="pubDate" type="string"></property>
    <property name="statu" type="string"></property>
    <!-- 配置外键 departmentInfo 表的主键 departId -->
    <many-to-one name="classes" column="classId" lazy="false">
</many-to-one>
    <many-to-one name="user" column="userId" lazy="false"> </many-
    to-one>
  </class>
</hibernate-mapping>
```

求购信息表的 SQL 文件如下。

```
create table TB_GOODSQG
(
  GOODSQGID INT(10) not null,
  GOODSNAME VARCHAR(255),
  GOODSMSG  VARCHAR(255),
  ADDRESS   VARCHAR(255),
  PRICE     FLOAT(6,2),
  PHONE     VARCHAR(255),
  QQ        VARCHAR(255),
  PUBDATE   VARCHAR(255),
  STATU     VARCHAR(255),
  CLASSID   INT(10),
  USERID    INT(10)
);
```

4. 商品分类表

商品分类表的 Hibernate 配置文件如下。

```
<hibernate-mapping package="com.second_hand.model">
   <class name="GoodsClass" table="tb_goodsClass">
      <id name="classId">
         <generator class="sequence">
         <param name="sequence">seq_goodsClass_classId</param>
         </generator>
      </id>
      <property name="className" type="string"></property>
       <bag name="goodsZrList" cascade="all" inverse="true">
         <key column="classId"></key>
         <one-to-many class="GoodsZr"/>
      </bag>
       <bag name="goodsQgList" cascade="all" inverse="true">
         <key column="classId"></key>
         <one-to-many class="GoodsQg"/>
      </bag>
   </class>
</hibernate-mapping>
```

商品分类表的 SQL 文件如下。

```
create table TB_GOODSCLASS
(
  CLASSID    INT(10) not null,
  CLASSNAME VARCHAR(255)
);
```

5. 订单表：tb_orderInfo

订单表的 Hibernate 配置文件如下。

```
<hibernate-mapping package="com.second_hand.model">
    <class name="OrderInfo" table="tb_orderInfo">
        <id name="orderId">
            <generator class="sequence">
                <param name="sequence">seq_orInfo_orderId</param>
            </generator>
        </id>
        <property name="buyStatu" type="int"></property>
        <property name="saleStatu" type="int"></property>
        <property name="statu" type="string"></property>
        <property name="pubDate" type="string"></property>
        <property name="goodsPicOne" type="string"></property>
        <property name="evaluate" type="string"></property>
        <many-to-one name="user" column="userId" lazy="false"></many-
        to-one>
        <many-to-one name="goodsZr" column="goodsZrId" lazy="false">
        </many-to-one>
    </class>
</hibernate-mapping>
```

订单表的 SQL 文件如下。

```
create table TB_ORDERINFO
(
  ORDERID      INT(10) not null,
  GOODSZRID    INT(10),
  STATU        VARCHAR(255),
  PUBDATE      VARCHAR(255),
  EVALUATE     VARCHAR(255),
  USERID       INT(10),
  GOODSPICONE VARCHAR(500),
  BUYSTATU     INT(10),
```

```
    SALESTATU    INT(10)
);
```

9.2.2 其他数据表

项目所使用的其他数据表（用户表、积分表、城市信息表、学校信息表、院系信息表及评论信息表等）以 SQL 文件形式给出。

1. 用户表

```
create table TB_USER
(
  USERID         INT(10) not null,
  USERTYPE       INT(10),
  NICKNAME       VARCHAR(255),
  PASSWORD       VARCHAR(255),
  EMAIL          VARCHAR(255),
  DEPARTID       INT(10) not null,
  PHOTOURL       VARCHAR(255),
  QQ             VARCHAR(255),
  INTEGRAL       INT(10),
  PHONE          VARCHAR(255),
  ACCOUNTBALANCE FLOAT(6,2) default 0,
  PAYPASSWORD    VARCHAR(255) default '000000'
);
```

2. 积分表

```
create table TB_RULE
(
  RULEID    INT(10) not null,
  RULENAME  VARCHAR(255),
  RULEVALUE VARCHAR(255),
  VALIDTIME VARCHAR(255)
);
```

3. 城市信息表

```
create table TB_CITYINFO
```

```
(
  CITYID    INT(10) not null,
  CITYNAME  VARCHAR(255)
);
```

4. 学校信息表

```
create table TB_SCHOOLINFO
(
  SCHOOLID    INT(10) not null,
  SCHOOLNAME VARCHAR(255),
  CITYID      INT(10)
);
```

5. 院系信息表

```
create table TB_DEPARTMENTINFO
(
  DEPARTID     INT(10) not null,
  FACULTYNAME VARCHAR(255),
  SCHOOLID     INT(10)
);
```

6. 评论信息表

```
create table TB_COMMENTS
(
  COMID      INT(10) not null,
  CONTENT    VARCHAR(500),
  CDATE      VARCHAR(20),
  USERID     INT(10),
  TOUSERID   INT(10),
  GOODSZRID INT(10),
  CTYPE      INT(10),
  REVERTSTA INT(10),
  AUTOTYPE   INT(10),
  OLDCOMID   INT(10)
);
```

习 题 答 案

第 1 章

1. A
2. B
3. D
4. A
5. B
6. 代码如下。

```
<!DOCTYPE HTML>
<html>
    <head>
        <meta charset='utf-8'>
        <title>表单实例</title>
    </head>
    <body>
        <h1>表单的基本使用</h1>

        <form action='./05-form.php' method='post' enctype='multipart/
        form-data'>
            用户名:<input type='text' name='uname'  value=''
            placeholder='请输入用户名'
                maxlength='6' style='width:100px;' autofocus/><br/>
            密码:  <input type='password' name='pass'><br/>
            确认密码:<input type='password'/><br/>
            性别:<label><input type='radio' name='sex' value='m'
            checked/>男</label>
                <label><input type='radio' name='sex' value='w'/>女
                <br/></label>
            爱好:<input type='checkbox' name='check[]' value='lan'/>篮球
                <input type='checkbox' name='check[]'value='zu'/>足球
                <input type='checkbox' name='check[]' value='ping'
                checked/>乒乓球
                <input type='checkbox' name='check[]'value='yu'/>羽毛
```

```
        球<br/>
    文件上传:<input type='file' name='pic'/><br/>
    籍贯:<select name='city'>
            <!--option 选项的意思-->
            <option value='hb'>河北</option>
            <option value='bj'>北京</option>
            <option value='sd' selected>内蒙古</option>
            <option value='hn' disabled>河南</option>
        </select><br/>
    内容:<textarea name='areas' style='resize:none' rows='5'
    cols='40'>
        </textarea>
    <br/>
    <input type='submit' value='注册'/>
    <input type='button' value='按钮'/><!--没有提交功能-->
    <input type='image' src='./post.png' width='40' height=
    '18'/>
    <button>点击按钮</button>
    <input type='reset' value='重置'/>

        隐藏域:<input type='hidden' name='id' value='100'/>
    </form>
    <button>点击按钮</button>
    </body>
</html>
```

第 2 章

1.

1）inline（默认）——内联。

2）none——隐藏。

3）block——块显示。

4）table——表格显示。

5）list-item——项目列表。

6）inline——block。

2.

1）static（默认）：按照正常文档流进行排列。

2）relative（相对定位）：不脱离文档流，参考自身静态位置，通过 top、bottom、left、

right 定位。

3）absolute（绝对定位）：参考距其最近的一个不为 static 的父级元素，通过 top、bottom、left、right 定位。

4）fixed（固定定位）：所固定的参照对象是可视窗口。

3．

参照 2.5 节和第 1 章习题中的第 6 题完成。

第 3 章

1．JavaScript 中有两种底层类型：null 和 undefined。它们代表了不同的含义：null 代表空值，undefined 代表尚未初始化。

2．JavaScript 提供两种数据类型：基本数据类型和引用数据类型。

基本数据类型有以下几种。

1）String。

2）Number。

3）Boolean。

4）Null。

5）Undefined。

6）Symbol。

引用数据类型有以下几种。

1）Object。

2）Array。

3）Function。

3．对于两个非原始值，如两个对象（包括函数和数组），== 和 === 比较都只是检查它们的引用是否匹配，并不会检查实际引用的内容。

例如，在默认情况下，数组将被强制转换为字符串，并使用逗号将数组的所有元素连接起来。所以，两个具有相同内容的数组进行 == 比较时不会相等。

第 4 章

1．bin：包括启动和终止 Tomcat 服务器的脚本文件，如 startup.bat、shutdown.bat。
lib：包括服务器和 Web 应用程序使用的类库，如 servlet-api.jar、jsp-api.jar。
webapps：Web 应用的发布目录，服务器可对此目录下的应用程序自动加载。

2．参照 4.2.3 节完成。

第 5 章

1．创建 Servlet 的方法有以下 3 种。

1）直接实现 Servlet 接口和其所有的方法。

2）继承 GenericServlet 类，实现 service( )方法。

3）继承 HttpServlet 方法，重写所需请求类型的方法（如 doGet( )、doPost( )等）。

由于 HttpServlet 类扩展了 GenericServlet 接口、提供了与 HTTP 相关的实现，因此对于 HTTP 请求的处理，使用第 3 种方式更方便。

2．创建 Servlet 需要以下 4 个步骤。

1）创建 Java Web 项目。

2）创建并编写 Servlet 代码。

3）对 Servlet 进行声明配置。

4）对 Servlet 进行部署运行。

3．重定向和请求转发都可以让浏览器获得另外一个 URL 所指向的资源，但两者的内部运行机制有很大的区别，总结如下。

1）转发只能将请求转发给同一个 Web 应用中的组件；重定向不仅可以重定向到当前应用程序中的其他资源，还可以重定向到同一个站点上的其他应用程序中的资源，或者重定向到其他站点的资源。

2）重定向的访问过程结束后，浏览器地址栏中显示的 URL 会发生改变，由初始的 URL 地址变成重定向的目标 URL；请求转发过程结束后，浏览器地址栏保持初始的 URL 地址不变。

3）重定向对浏览器的请求直接做出响应，响应的结果就是告诉浏览器去重新发出对另外一个 URL 的访问请求；请求转发在服务器端内部将请求转发给另外一个资源。浏览器只知道发出了请求并得到了响应结果，并不知道在服务器程序内部发生了转发行为。

4）请求转发调用者与被调用者之间共享相同的请求对象和响应对象，它们属于同一个访问请求和响应过程；重定向调用者与被调用者使用各自的请求对象和响应对象，它们属于两个独立的访问请求和响应过程。

第 6 章

1．ABD

2．D

3．A

4．B

5．B

6．会话跟踪技术是一种在客户端与服务器间保持 HTTP 状态的解决方案。从开发角度说，就是使上一次请求所传递的数据能够维持状态到下一次请求，并且辨认出是相同的客户端所发送来的。会话跟踪技术的解决方案主要有 Cookie 技术、Session 技术、URL 重写技术和隐藏表单域技术。

7．如果一个 Cookie 未设置过期时间，则这个 Cookie 在关闭浏览器窗口时就会消失，这种生命期为浏览会话期的 Cookie，称为会话 Cookie。会话 Cookie 一般不存储在硬盘上，而是存储在内存中。如果设置了过期时间，浏览器就会把 Cookie 存储到硬盘上，关闭后再次打开浏览器，这些 Cookie 依然有效直到超过设定的过期时间。存储在硬盘上的 Cookie 也称为持久 Cookie，可以在不同的浏览器进程之间共享，如两个 IE 窗口。

8．Cookie 技术与 Session 技术的区别如下。

1）Cookie 数据存储在客户的浏览器上，Session 数据存储在服务器上。

2）Cookie 存储在客户端，安全性较差，容易造成 Cookie 欺骗。

3）Session 会在一定时间内存储在服务器上，但当访问量增多时，会造成服务器性能加重；Cookie 存储在客户端，不占用服务器内存。

4）Cookie 的大小和个数受相关浏览器的限制，Session 的大小由服务器内存决定。

5）Session 中存储的是对象，Cookie 中存储的是字符串。

6）Session 不区分访问路径，同一个用户在访问一个网站期间，所有的请求地址都可以访问到 Session；Cookie 中如果设置了路径参数，那么同一个网站中不同路径下的 Cookie 是互相访问不到的。

7）在多数情况下，Session 需要借助 Cookie 才能正常工作，如果客户端完全禁止 Cookie，则 Session 将失效。

9．当不能确定客户端浏览器是否支持 Cookie 时，使用 URL 重写技术可以对请求的 URL 地址追加会话标识，从而实现用户的会话跟踪功能。

第 7 章

1．Servlet 和 JSP 均基于 Java 语言，Servlet 以 Java 类的形式体现，JSP 以脚本语言的形式体现，二者均需要在 Web 容器中运行。JSP 本质上就是 Servlet，需要先被翻译成 Servlet 后才编译运行，所以 JSP 能够实现 Servlet 所能实现的所有功能。

二者的区别如下：Servlet 更擅长进行数据处理和业务逻辑操作，JSP 更擅长进行动态数据的展示和用户的交互。

2．JSP 的执行过程可分为如下几个阶段。

1）客户端向服务器发送 JSP 页面请求（request）。

2）容器接收到请求后检索对应的 JSP 页面，如果该 JSP 页面是第一次被请求（或被修改过），则容器将此页面中的静态数据（HTML 文本）和动态数据（Java 脚本）全部转化成 Java 代码，使 JSP 文件翻译成一个 Java 文件，即 Servlet。

3）容器将翻译后的 Servlet 源代码编译形成字节码文件（.class）。对于 Tomcat 服务器而言，生成的字节码文件默认存放在 Tomcat 安装目录的\work 目录下。

4）编译后的字节码文件被加载到容器内存中执行，并根据用户的请求生成 HTML 格式的响应内容。

5）容器将响应内容即响应（response）发送回客户端。

3．JSP 页面由模板文本和 JSP 元素组成。JSP 有 3 种类型的元素：脚本元素、指令元素和动作元素。JSP 脚本元素包括脚本、表达式、声明和注释；JSP 指令元素包括 3 种，即 page 指令、include 指令和 taglb 指令；JSP 动作元素包括<jsp:include>、<jsp:forward>、<jsp:useBean>、<jsp:setProperty>和<jsp:getProperty>。

4．include 指令元素和<jsp.include>动作元素的共同点和区别如下。

共同点：include 指令元素和<jsp.include>动作元素的作用都是实现包含文件代码的复用。

区别：对包含文件的处理方式和处理时间不同。include 指令元素是在翻译阶段就引入所包含的文件，被处理的文件在逻辑和语法上依赖于当前 JSP 页面，其优点是页面的执行速度快。<jsp.include>动作元素是在 JSP 页面运行时才引入包含文件所产生的应答文本，被包含的文件在逻辑和语法上独立于当前 JSP 页面，其优点是可以使用 param 子元素更加灵活地处理所需要的文件，缺点是执行速度要慢一些。

5．JSP 内置对象是指不用声明就可以在 JSP 页面的脚本和表达式中直接使用的对象，JSP 内置对象也称隐含对象，它提供了 Web 开发常用的功能，为了提高开发效率，JSP 规范预定义了内置对象。JSP 内置对象有如下特点：内置对象由 Web 容器自动载入，不需要实例化；内置对象通过 Web 容器来实现和管理；在所有的 JSP 页面中，直接调用内置对象是合法的。

6．JSP 有九大内置对象，包括 request（HttpServletRequest）、response（HttpServletResponse）、out、session(HttpSession)、application(ServletContext)、pageContext、page、config(ServletConfig)和 exception。

7．JSP 中有 4 种作用域：页面域、请求域、会话域和应用域。JSP 的 4 种作用域分别对应 pageContex、request、session 和 application 4 个内置对象。4 个内置对象都通过 setAttribute(String name,Object value)方法来存储属性，通过 getAttribute(String name)方法来获取属性，从而实现属性对象在不同作用域的数据分享。

8．为了能在 JSP 页面中更好地集成 JavaBean 和支持 JavaBean 的功能，JSP 提供了 3 个动作元素来访问 JavaBean，分别为<jsp:useBean>、<jsp:setProperty>和<jsp:getProperty>，这 3 个动作元素分别用于查找或创建 JavaBean 实例对象、设置 JavaBean 对象的属性值和获取 JavaBean 对象的属性值。

第 8 章

1. B
2. BC
3. BCD
4. ABD

5. 不是。过滤器的过滤过程包括对请求的预处理过程和对响应的后处理过程。具体过滤过程为，Web 容器判断接收的请求资源是否有与之匹配的过滤器，如果有，容器将请求交给相应的过滤器进行处理；在过滤器预处理过程中，可以改变请求的内容，或者重新设置请求的报头信息，然后将请求发给目标资源；目标资源对请求进行处理后做出响应；容器将响应再次转发给过滤器；在过滤器后处理过程中，可以根据需求对响应的内容进行修改；Web 容器将响应发送回客户端。

6. 在 Web 容器运行过程中，有很多关键点事件，如 Web 应用被启动、被停止、用户会话开始、用户会话结束、用户请求到达和用户请求结束等，这些关键点为系统运行提供支持，但对用户却是透明的。Servlet API 提供了大量监听器接口来帮助开发者实现对 Web 应用内的特定事件进行监听，从而当 Web 应用内的这些特定事件发生时，回调监听器内的事件监听方法来实现一些特殊功能。

7. 与 Servlet 上下文相关的监听器，包括 ServletContextListener、ServletContext-AttributeListener；与会话相关的监听器，包括 HttpSessionListener、HttpSessionAttributeListener；与请求相关的监听器，包括 ServletRequestListener、ServletRequestAttributeListener。

参 考 文 献

赖定清，林坚，2010. 大巧不工：Web 前端设计修炼之道[M]. 北京：机械工业出版社.

李刚，2017. 疯狂 HTML 5+CSS 3+JavaScript 讲义[M]. 2 版. 北京：电子工业出版社.

QST 青软实训，2015. Java Web 技术及应用[M]. 北京：清华大学出版社.

孙卫琴，2019. Tomcat 与 Java Web 开发技术详解[M]. 3 版. 北京：电子工业出版社.

许令波，2014. 深入分析 Java Web 技术内幕（修订版）[M]. 北京：电子工业出版社.

张孝祥，王建英，方立勋，2007. 深入体验 Java Web 开发内幕：高级特性[M]. 北京：电子工业出版社.

BIBEAULT B，KATZ Y，2012. jQuery 实战[M]. 三生石上，译. 2 版. 北京：人民邮电出版社.

ZAKAS N C，2014. JavaScript 高级程序设计[M]. 李松峰，曹力，译. 3 版. 北京：人民邮电出版社.